美丽是一场修行

美丽永不落幕，
美丽是一场自我修行

张 梦 —— 著

中国商业出版社

图书在版编目（CIP）数据

美丽是一场修行：美丽永不落幕，美丽是一场自我修行 / 张梦著. -- 北京：中国商业出版社，2023.2
ISBN 978-7-5208-2411-8

Ⅰ.①美… Ⅱ.①张… Ⅲ.①女性—修养—通俗读物 Ⅳ.①B825-49

中国版本图书馆CIP数据核字(2022)第244281号

责任编辑：杨善红
（策划编辑：佟彤）

中国商业出版社出版发行
（www.zgsycb.com 100053 北京广安门内报国寺1号）
总编室：010-63180647　编辑室：010-83118925
发行部：010-83120835/8286
新华书店经销
香河县宏润印刷有限公司印刷
＊
710毫米×1000毫米　16开　13.5印张　130千字
2023年2月第1版　2023年2月第1次印刷
定价：58.00元
＊＊＊＊
（如有印装质量问题可更换）

前 言

当你还是女孩的时候，因为满脸的青春痘焦虑；当你步入中年时，又开始对着暗斑、皱纹发愁。对于女性来说，追求美丽，呵护美丽，是一生的重要课题，这样美丽才能永不落幕。因此，美丽之于女性，是一场贯彻一生的修行。事实上，能持久滋养女性实现美丽的一定是来自自身的素质修养，比如所拥有的智慧的头脑、高认知和高见解、善解人意、知书达理、不抱怨、不霸道、不势利等优秀的品质。由此可见，女性外表漂不漂亮并不是最主要的，关键是要拥有丰富的内在、开阔的视野和温柔坚定的性格。

虽然每位女性的体型、相貌和肤色都各有不同，不当明星，不做模特，没有必要苛求自己的身材比例和五官精致，但也要做到自我形象保持胖瘦适中、皮肤平滑、眼睛有神、气色润泽、精神饱满等。这些可以说是女性美丽的前提，当然也是审美的基本要求。也就是说，女性无论长相如何，只要看起来健康而富有活力，仪姿端庄好相处，自然会散发美感，受人欢迎。所以，身为女性，必须内外兼修，保持健康美丽的形象。

美丽是一场修行

本书是一本全面阐述女性之美的书籍，是为女性开具的内外兼修的美丽处方。本书内容涵盖面广，实用性强，观点新颖，深入浅出地诠释了女性一生的必修课，相信每一位读过此书的女性朋友都能从中受益匪浅。

全书分为上、下两篇，上篇对女性美丽的内涵做了深入阐述，下篇则包括女性服饰搭配、外貌管理、妆容设计、日常健身方案以至一些生活小建议，从气质与魅力、底蕴与性格、心理与健康、品位与智慧、社交与事业、爱情与婚姻等多方面进行了阐述，让女性真正成为一个秀外慧中的"美丽"女性，拥有美丽人生。

最后，祝愿天下所有的女性，在岁月中不断细细雕琢，不断修行，越活越美丽。

目 录

上篇　兰心蕙质，美丽内在永不褪色

悦纳自我，女人最高级的活法 / 2

 唤醒沉睡的公主 / 2

 我最喜欢我 / 5

 活出真实的自己 / 9

 欣然接受每一刻的自己 / 12

 不寻求他人认可 / 15

独立自主，一生都在主场之上 / 19

 用男人的思维看世界 / 19

 我为自己代言 / 22

 拼的就是存在感 / 25

 安全感是自己给的 / 28

 越独立越自由 / 31

▶ 美丽是一场修行

内心强大，做一个无所畏惧的女人 / 35

你的名字不叫弱者 / 35

挫折是上天给的一份礼物 / 38

不妨做个狠角色 / 41

走一步看三步 / 44

学会主宰自己的命运 / 47

自信为王，活出自己想要的样子 / 51

不完美也没关系 / 51

学会大声说不 / 54

总有比别人闪光的地方 / 58

知道自己要什么 / 61

不在意别人的评价 / 64

情商加冕，魅力历久弥新的秘密 / 67

学会像水一样包容 / 67

把妒忌转化为成长的动力 / 70

高傲，但绝不傲慢 / 73

从不抱怨，学会闭嘴 / 76

聆听是个好习惯 / 79

修炼智慧，从容驾驭人生 / 83

装傻充愣经营爱情 / 83

不八卦，不揭短，不探秘 / 86

腹有诗书气自华 / 89

与人为善，懂得收敛锋芒 / 92

吃点小亏更显修养 / 95

下篇　风情万种，美丽外在千娇百媚

呵护健康，美丽会写在脸上 / 100

亚健康是美丽的杀手 / 100

好的睡眠让你春风满面 / 104

善待自己，不生气 / 107

调养好脏腑，才能明媚动人 / 111

适当轻断食，做"无毒"女人 / 115

服饰搭配，简约优雅又有气质 / 119

穿得好看，才活得漂亮 / 119

衣服会说话 / 123

10 条穿搭基本法则 / 127

▶ 美丽是一场修行

    你要有一件白衬衫 / 130

    小饰品有大作用 / 133

容颜悦目，折射灵魂的样子 / 137

    外貌很重要，超乎想象 / 137

    30 岁前靠基因，30 岁后靠自己 / 140

    头发是女人的第二张脸 / 143

    皮肤好，自带光芒 / 146

    别让手暴露了年龄 / 150

妆容设计，淡妆浓抹总相宜 / 154

    美丽可以"妆"出来 / 154

    浓妆会令人变丑 / 157

    再漂亮也尽量淡妆 / 160

    六个细节要注意 / 164

    不要触碰这些化妆禁忌 / 167

日常健身，自律和坚持的勋章 / 171

    美貌与身材并存 / 171

    日常健身的五点建议 / 174

    越自律，越美丽 / 177

练得好，更要吃得好 / 180

五个动作打造迷人曲线 / 184

仪态优雅，一个女人最好的风水 / 188

告别糟糕的坐姿、站姿和走姿 / 188

随时携带微笑的"花朵" / 192

把"对不起""请""谢谢"挂在嘴边 / 195

声音别太尖、太硬 / 198

灵动的表情自带高级感 / 201

上篇

兰心蕙质,美丽内在永不褪色

悦纳自我，女人最高级的活法

哲人说："完美本是毒。"如果事事要求完美，那么这种完美将成为毒害心灵的药饵。所以，女人要想活得美丽，首先就要悦纳自己，勇敢地、快乐地接受自己的一切，优点和缺点照单全收。因为，在这个世界上，你是独一无二的。

唤醒沉睡的公主

"All the women are princesses.（每个女孩都是公主，无关她们的身份。）"

这是我看过的一部电影中的一句台词，这部电影给我留下了十分深刻的印象。电影的名字叫《小公主》，女主角是一个小女孩，拥有她身上的一些品质，也许能让很多新时代的女性更加自信、富有魅力，希望引发大家的思考。

这部电影讲述的是一个名叫萨拉的小女孩，她家境优渥，是一个名副其实的富家千金，她和她的父亲生活在印度，她的父亲把她当作自己的公主。后来，由于战争爆发，萨拉的父亲不得不把她送到美国的一所女子学校继续完成学业。

萨拉由于从小家境富裕，到了美国这所女子学校之后，女校长米切尔夫人给萨拉提供了最好的生活和学习条件。但萨拉生性善良，她没有富家千金身上的傲气和不可一世，她很低调，甚至与班级上别的普通家庭的小女孩并没有什么区别。有一天，班里有一个同学突然在楼道里大哭起来，她赶忙走过去安慰，通过了解才知道这位同学的妈妈去世了，她刚才很想念自己的妈妈，所以才忍不住哭了起来。

萨拉告诉同学，在很小的时候她就没有妈妈了，但是她相信妈妈在天堂，自己可以随时和妈妈对话，只要自己乖乖听父亲的话，妈妈就会给她回话。同学听完萨拉的话，顿时不再悲伤了，破涕而笑。同样，萨拉在看到黑人女佣时，即便别人都劝她不要和黑人女佣说话，但她还是偷偷地和她说笑。当她看到黑人女佣住在阴暗的小屋子里，脚上都没有鞋穿的时候，她又偷偷送给黑人女佣一双漂亮的皮鞋。

自然，美丽善良的萨拉收获了很多好朋友。但生活的打击总是在不经意的时候突然到来。在萨拉的生日会上，她收到一个噩耗，让她突然从一个众星捧月的小公主变成了一无所有的小女佣。因为有消息称，她父亲在战争中去世了，她失去了自己唯一的保护伞。其后，萨拉被势利的女校长米切尔夫人从宽敞温暖的大房子里赶进了阴暗的阁楼，与老鼠、蟑螂住在一起。从此以后，萨拉常常吃不饱、穿不暖，虽然再也没有人叫她公主，但她还是拥有一颗澄澈柔软的公主一般的心。当她在街头看到一家可怜的人衣着单薄地在寒风中卖花时，她把自己手中仅有的面包送给了这家人。这家人的妈妈送给她一朵花，并说了一句："送给我亲爱的小公主。"电影中的这个画面曾让很多人落泪。这时的萨拉已经不是常人眼中的公主，已经失去了做公主的资格。但是，她的心还是像公主一样高贵。

萨拉也从这个小插曲中明白了一个道理，那就是真正的公主拥有的是内心的美好，而不只是有钱、有地位，即便身处黑暗也要相信自己的力量。

只要你相信，你就能成为你想成为的任何人，我是公主，所有的女孩都是。即便她们住在狭窄的阁楼里，即便她们穿着破旧，即便她们既不漂亮、不聪明，也不再年轻，她们仍旧是公主。

这是电影中萨拉的一段独白，也是我最喜欢的一段话。当女校长米切尔夫人大骂萨拉已经不再是公主，不配和那些有钱人家的千金做朋友的时候，萨拉的话赢得了同学们的掌声，让那位尖酸刻薄的女校长颜面扫地，女孩们都成了萨拉的好朋友。

电影的最后，萨拉的父亲并没有死，只是因为战争在短期内和萨拉失去了联系。但萨拉在经历了这些之后，她身上闪光的东西越发闪亮，且经受住了考验，那就是她的美丽、善良和对美好的向往，而这些也应该成为新时代女性最宝贵的品质。

正如影片开头的那句话，每个女孩都是公主，无论有没有人爱，无论有没有显赫的家庭背景，有没有美貌、地位，这些都不重要，重要的是自己要把自己当作公主。其实，上天对每个人都是公平的，要相信自己也可以跟他人一样美丽、漂亮、有气质，要先从改变自己的内心、改变自己的思想开始，然后一点点地唤醒自己心中沉睡的那个公主，把自己当成公主一样爱惜，这样才能拥有公主般的自信和光芒，靠自己坚强的意志和韧性，去创造自己的童话，活成所有人都羡慕的样子。

我最喜欢我

要搞清楚自己人生的剧本，不是你父母的续集，不是你子女的前传，更不是你朋友的外篇。

这是电视剧《我的青春谁做主》中的经典台词，它告诉我们，在人生的剧本中，每个人都是自己的主角。只有把自己当作头号人物来喜欢，才能赢得别人更多的尊重。所以，每个人都要为自己而活，把自己当作最重要的人来爱，好好掌控自己的命运，一定会给自己创造一个美好的人生。

1. 喜欢自己，别人才会喜欢我们

人的一生应该为自己而活，应该喜欢自己，不要太在意别人怎么看你，或者别人怎么想你。其实，别人如何衡量你，全在于你自己如何衡量自己。

这是席慕蓉的话，她告诉所有女人一个现实：如果你不喜欢自己，就会靠别人对自己的态度来定义自己，而这是失去自我的根本原因。因为不喜欢自己的人对于别人的喜欢会渴望多一些，他（她）们对自己价值的认定和喜欢程度将会完全以别人的喜欢与否作为判断的标准。

在节目《乘风破浪的姐姐》中，50多岁的伊能静能唱能跳，身材凹凸有致，活成了女孩们羡慕的样子。而她之所以能够做到这样，就是因为她非常爱自己，从来不把自己当大妈对待，而是特别注重穿衣打扮，坚持体育锻炼，虽然人到中年，但仍然给人满满的少女感。

世界就是你的一面镜子，它映照着你。一个女人如果不喜欢自己，总觉得自己在很多方面做得不好，不值得被别人爱，那么别人真的很难喜欢她、认同她，在她的身上自然也不会有强烈的吸引他人的魅力。

我的朋友梵妮无论遇到什么事情，她的第一反应就是习惯性地否定自己，她总觉得自己做什么都不行，没有一点自信。究其原因，是小时候她的妈妈不喜欢她，这给她留下了无法抹去的心理阴影，导致她越来越不喜欢自己，这让她在婚姻和日常生活中特别自卑，没有原则，更容易被别人所影响和改变。她不敢说出自己想要什么、喜欢什么，更不敢大胆地追求自己的幸福。别人也觉得她资质平平、呆板无趣，不愿意和她走得太近。

事实上，在生活中，比起费尽心思让别人喜欢自己，像我的朋友梵妮一样苦恼别人不喜欢自己，不如自己喜欢自己，用自己的喜欢填满心里的空隙。只有这样，我们才会散发出耀眼的魅力，真正赢得别人发自内心的喜欢。所以，不管在什么时候，不管在什么处境，如果你想要拥有一份美好的爱情、一份美好的人际关系，那么作为女人一定要先喜欢自己，有独立的思想、独立的自我，这样才能看到自己，也才能做到真正喜欢当下的一切。

2. 喜欢自己，接纳自己的全部

在电视剧《我的前半生》中，主人公罗子君经历了离婚的伤痛，甚至感觉自己的世界在一夜之间轰然倾塌了，她甚至为此变得一蹶不振，这让亲人朋友都十分担心。在这些日子里，她不断反省自己，最终她甚至从自己身上找到了导致婚姻失败的原因。然后，她勇敢地面对现实，面对不完美的自己，重新规划自己的未来，通过努力，她慢慢让自己的人生重新步入正轨。

从罗子君身上我们看到了，一个人只有在喜欢自己、接纳自己的全部之后，才能更加坦然地面对一切，走出自己画定的牢笼，闯出一片新天地。

不可否认，在这个世界上的确有很多优秀的人，但这并不能说明自己不好，我们都是独一无二的，无论如何，只管喜欢自己就好，无论是哪种形式的自己。一是平凡的自己：这样可以让我们认清自己的一切，包括身份、能力、地位，能够坦诚面对所有的人，不去追求自己难以实现的目标。二是犯错误的自己：允许自己犯错，错了就是错了，改正之后重新开始。三是有缺点的自己：承认自己的缺点，这是再正常不过的事情了，每个人都有缺点，不要因为自己有缺点而自卑。四是不美丽的容貌：虽然自己的容貌不理想，但只要精心打扮，注重外在形象，也可以给自己增加自信。五是弱小的自己：承认自己在一些事情上能力有限，甚至无能为力，知道自己不擅长什么、害怕什么，并且敢于告诉别人，不必遮遮掩掩。

在生活中，你会发现那些能够悦纳自己的女人浑身上下似乎散发着光芒，总是能够给人眼前一亮的感觉。这样的女人才会拥有爱自己的力量，从而让自己和自己的人生变得更加美好。

活出真实的自己

好莱坞有一位女演员叫西格妮，身高达到一米八，因为身高问题经常被人说三道四，甚至在她报考耶鲁戏剧学院的时候，也因为身高太突出而被专业老师拒绝。专业老师认为她这个身高更适合去做运动员，而不是做演员。但西格妮并没有因此而放弃自己的演员梦。她认为，这就是真实的自己，身高并不能决定她去做什么、成为什么。她从小到大从来没有因为身高而自卑过，因为她的父母是舞蹈演员，她从小就被一直提醒要注意端正身姿，所以她对自己的姿态非常自信。果然，在西格妮的不断努力下，她最终成为一名优秀的好莱坞演员，并且出演了很多有影响力的电影。事实上，身高确实让她失去了一些角色，但也是因为身高成就了她的一些光辉角色，这成为她独一无二的优势，给观众留下了深刻的印象。

你站在桥上看风景，看风景的人在楼上看你；明月装饰了你的窗子，你装饰了别人的梦。

现代诗人卞之琳《断章》中的这句诗脍炙人口，让我们明白了人生没有模板与标准，每个人都是一道与众不同的风景。作为一名新时代的美丽女性，更应该领会这首诗的精髓，像西格妮一样不羡慕别人，大胆做真实的自己，成为自己想成为的任何人。

1. 不做作虚伪就没有压力

曾经有一位外国的心理学家认为，一个人可以不聪明、不漂亮，甚至可以没上过什么学，没有多少文化，但是绝对不可以不真实。真实的女性不做作虚伪，与人相处起来没有什么心理压力。她们大多性格开朗，为人活泼热情，思想也比较开放，喜欢和人沟通交流。而给人感觉不真实的女性喜欢封闭自我，为人处世比较保守，什么事情也不愿意告诉别人。即便在社交活动中，话也特别少，从不与人谈起自己的看法和感想，总给人"距离感"，感觉她们像是说着别人的话，谈着别人的感受，穿着别人的衣服，没有一点是属于她们自己的，给人留下城府很深的印象。

2. 敢于秀出你最真实的一面

每个女性都有不可替代的自身特点，如果想让自己具有魅力，只需坦然做真实的自己。在我们的身边，经常看到一些本来大大咧咧的女孩，为了给人留下矜持的印象，故作柔弱，压抑自己的本性，反而令人感觉很别扭。这不禁让人想到东施效颦的典故：东施的盲目模仿反而让她看起来更丑，最终贻笑大方。倒不如大方做自己，哪怕不漂亮、不美丽，只要真实，也有自己的动人之处。

人们都喜欢和坦诚直率的人做朋友，对做作和喜欢伪装的人敬而远之。所以，只有真实可以让我们成为自己，成为独一无二的个体。我们对自己真正的善待就是聆听自己的需求，不去在意他人的目光，这样才能活出最真实的自己。

3. 一味真诚对人，才能被同等对待

人与人之间如果想建立真正的友谊，最好的办法就是真诚相待。

英国维多利亚女王邀请德国作曲家门德尔松出席自己在白金汉宫举办的招待会，门德尔松演奏了一支曲子之后，维多利亚女王对他赞不绝口，认为这支曲子足以证明他是一个天才。但门德尔松却真诚地说，这是自己妹妹的作品，并不是由自己编曲的。维多利亚女王听后，更加敬佩门德尔松的人品和才华。

我们总以为为人处世需要精明，但其实真诚才是敲开他人内心的砖。从维多利亚女王和门德尔松的这则小故事中不难看出，如果我们能真实地展现自己，别人就会被我们的真诚吸引，从而对我们产生深深的信任，认为我们值得信赖与交往，这样才能赢得更多的朋友。长此以往，可以帮助我们迅速拓展人脉，打开社交局面。我们要明白，任

何人都无法左右和决定自己的人生。要活出真实的自己，就要拿出自己的真诚，不在乎别人的评价和眼光，做一个内心强大的女性，才会无所畏惧，在变美丽的道路上一往无前。

欣然接受每一刻的自己

杨澜在一个节目中采访过一位女士，问她最不自信的是哪方面。这位女士说，她对自己的外表很不满意，甚至为此自卑，讨厌自己。杨澜告诉这位女士，虽然她不是那种让人眼前一亮的漂亮，但是气质非常有吸引力，看不出一点自卑，这是为什么呢？这位女士回答说，因为后来随着事业的成功，自己开始一点点接受自己，走出了自卑的牢笼，慢慢就有了自信心，所以才有了现在的神采飞扬。杨澜听完，立刻对她竖起了大拇指。

悦纳自己，是对自己的充分肯定，是对自己天生不足的包容，也是后天对自我的重视与关注，只有赏识自己，才能掌控命运。可见，悦纳自己对每个女人来说都是自信与美丽的前提。如果想活出最美好的自己，那么在本质上一定不是讨好别人，寻求别人的认可，或成为别人的追随者与附庸者，只需要接纳每时每刻的自己，一点点释放自我、绽放自我。

1. 悦纳自己，敢于摆脱束缚

千百年来，女性一直被当作男人的附庸，这导致女性很容易以此给自己定义，也很容易被这种观念影响。而那些活得精彩的女人之所以能够脱颖而出，成为女性群体中的佼佼者，最根本的原因就在于她们敢于摆脱束缚，懂得悦纳自己。因为她们明白，只有尊重自己的意愿，牢牢把握人生主导权，自己的人生才会与众不同。

电影《飘》中的斯嘉丽之所以被白瑞德一眼看中，是因为在她身上时刻洋溢出自我的光芒。事实上，这也是斯嘉丽身上的闪光点，她非常清楚自己想要什么，自己有哪些优势、哪些缺点，从来没有给自己套上任何的束缚，想做什么就去做什么，所以在别人的眼中，她的人生充满生机。当斯嘉丽充分悦纳自己的时候，她内在的潜能也一点点得到释放，这让斯嘉丽充满了魅力，也获得了自己人生的幸福密码。斯嘉丽的故事告诉我们，真正的悦纳自己是能够打破外在的束缚，打开自我，尊重自我生命的本能，塑造出一个更好的自己，不仅可以活得更高级、更美丽，还可以成为一道光，照亮别人的生命。

2. 悦纳自己，敢于表现自我

从生物学的角度来说，女性和男性除了性别的差异，在天赋潜能智力方面根本不存在什么差异。但是，在人类历史上，受封建传统制度和观念的影响，女性没有什么社会和家庭地位，以至于很多人都看不起女性力量，而女性也被这种制度和观念定义，没有自我，不敢表现自我，也谈不上悦纳自己。但偏偏有一些女性敢于表现自我，用自己的才华与美丽为自己打下一片天地。

武则天就是一个很好的例子。她从一个名不见经传的侍女，一路逆袭，最终站在了中国封建制度权力的最高峰，成为历史上独一无二的女皇帝。这个开天辟地的女人，最厉害的地方就在于敢于打破束缚，打破女人不能执政的封建观念，打破女性不能当官的迂腐制度，用自己的行动来为女性正名，进而实现真正的悦纳自己。

史书记载，一次唐太宗得了一匹宝马，十分喜欢。但这匹马性格暴躁，虽然膘肥体壮，却无人能够把它驯服。武则天告诉唐太宗，只要有铁鞭、铁棍和匕首这三样武器，自己就可以驯服这匹马。她要用铁鞭抽打、铁棍敲打和匕首割断咽喉的方式，循序渐进地驯服这匹马，直到它乖乖听话。唐太宗听后，马上对武则天另眼相看。武则天的勇气和胆识让那些忸怩作态、故作娇柔的嫔妃顿时黯然失色。武则天在成为李治的妻子之后，又大胆提出了历史上有名的"建言十二事"，涉及治国之本、经济制度、军事谋略等方面，而这正是她的过人之处，为她日后登上权力高峰奠定了坚实的基础。

一个真正知性美丽的女人从来不会盲目和他人攀比，也不会过分在乎别人怎么看自己。她们总是像斯嘉丽和武则天一样，敢于摆脱束缚，敢于表现自我，爱自己喜欢的人，做自己喜欢做的事，吃自己想吃的，穿自己想穿的，不假装合群，不费尽心机讨好别人，只有这样才能更好地爱自己、悦纳自己。

不寻求他人认可

谈到"不寻求他人认可"这一议题，就避不开日本作家山田宗树同名小说改编的电影《被嫌弃的松子的一生》。该片通过松子坎坷曲折的一生，讲述了一个女孩不断寻求别人认可，最终导致悲惨命运的故事。松子从来都是家中孩子里被忽略的那一个，从来没有人照顾她的感受。为了取悦父母，她养成了做鬼脸逗他们开心的习惯，也就此形成了通过讨好他人来获得他人认可，最终得到一点关爱和温暖的人生基调。松子无时无刻不在求索关爱，这是她一切行为的原动力，但也因此走上了一条不归路。松子是一个不相信自己有价值的女人，一次又一次的打击只会让她觉得自己还不够好，反而用更卑微的姿态去乞求爱，只有获得别人的认可，才能让她找到一点自己的存在感。

▶ 美丽是一场修行

叔本华说过:"我们无论要做什么或者不做什么,首要考虑的几乎就是别人的看法。只要我们仔细观察就可以看出,我们所经历过的担忧和害怕,半数以上是来自这方面的忧虑。"作为新时代的女性,当然不能活在别人的看法中,要时不时地质问自己是谁,要成为什么样的人,进而听从自己内心的呼唤,而不是让别人的认可来左右和羁绊自己的选择。所以,再也不要去寻求他人的认可。

别人的想法不能决定你的人生。女人要时刻对自己有一个清醒的认知,不要放弃自己的梦想,因为在这个世界上最了解你的人只有你自己。别人的想法和观点只适用于别人,并不一定适合你,你完全没有必要去寻求别人的认可,你要知道自己才是人生幸福的唯一主宰者。当你想要寻求他人认可的时候,可以想想自己过去的经历,是不是只凭借自己的智慧和能力而得到过很多,说明自己并不是一无是处的,自己完全可以做到,而且这种智慧和能力不会因为别人不负责任的忽视或诋毁而消失,而这一点就是我们可以不必寻求他人认可来确定自己价值的关键所在。

1. 时时刻刻,只在乎自己的感受

在很大程度上,我们的烦恼来自有意或者无意的不理性的思考方式,这样很容易产生不健康的负面情绪,最终导致我们以消极的方式行事。所以,在现实生活中,我们要放弃做一个别人眼中完美自己的执念,只在乎自己的感受,这样才能够拥有一个真实的自我,而这个自我是原生态的，无须用别人的眼光来塑造。虽然这是一件很难做到的事情，但对于每一位女性来说却意义非凡。比如我们非常苦恼，总想得到家人的认可。此时，不妨照顾一下自己的感受，不要让自己勉为其难，引发一大堆的消极情绪，而要告诉自己：我的价值由自己决定，不需要由外界包括家人的认可来决定。

2. 相信直觉，无须让别人干扰自己

乔布斯说过："不要让别人的议论淹没你内心的声音、你的想法和你的直觉。因为它们已经知道你的梦想，别的一切都是次要的。"在现实面前，当遇到挑战的时候，也是考验你内心智慧的时候。这时候，一定要相信自己的直觉，只要自我感觉好，就大胆地说自己想说的话，做自己想做的事，去自己想去的地方，而不是困在寻求他人认可的牢笼里。

有一个女孩想成为歌唱家，每天都在房前的空地上练习唱歌。一位邻居听了，告诉她唱得太难听了，根本不会有人给她喝彩。可是这个女孩并没有生气，而是告诉邻居，她很清楚自己的嗓音确实不够美妙，别人也跟她提过，但是她一点也不在乎，她只是觉得唱歌会让自己快乐，这就足够了，至于别人如何评价，有什么感想，都不会影响她唱歌的决心，所以，她还是会快乐地继续唱下去。

事实证明，当我们像这个唱歌的女孩一样，开始为自己的快乐负责，为自己的人生负责时，就可以拥有不用外界认可的自我价值感，就能够找到完整的自己。只有这样,我们才能成为一个魅力四射的人,才会从内心深处懂得如何让自己变得越来越赏心悦目、越来越有吸引力。否则,时刻关注别人对自己的评价,希望被别人认可,只会给你带来无尽的烦恼。

独立自主，一生都在主场之上

一个不懂得独立自主的女人，在凡事都依赖别人的同时，也丢失了掌控自己命运的方向盘，成为别人的负担与累赘。幸不幸福自己说了不算，全凭别人随意拿捏，时时处于被动的地位，最终活成了温室里的花朵，稍有风吹草动就能让她凋谢。

用男人的思维看世界

有一次和朋友在一起聊天，她提到自己不喜欢在一些琐碎的小事上浪费时间和精力，遇到任何棘手的问题，当下直接就解决了，从不拖延和逃避。她认为自己能做到这些，和思维方式有很大的关系，而这种思维方式非常像男人的思维方式。但这种思维方式一点也不影响她过自己女性化的生活，比如逛街、买花、下厨做美食等，在和丈夫的亲

▶▶ 美丽是一场修行

密关系里也得心应手，毫无违和感。

　　我从朋友的分享中得出一个结论，那就是面对感情、生活方式、工作等问题，女人要学会用男人的思维来看世界。

　　事实上，科学研究证明，男人和女人在大脑构造上是有着很大差异的。对于男人来说，特殊的大脑构造让他们的思维方式都是直线思维，做事情简单明了，不拖泥带水，直奔主题，不去花任何多余的心思。他们非常反感女生的情绪，认为一些小情绪自己调节一下就好了，没有必要搞得惊天动地，最好把更多的时间和精力用在赚钱上。在一般情况下，男人的思维可分为两种。一种是主动思维。这种思维方式来源于原始社会，男人负责狩猎，总是主动出击去寻找猎物，有一种天生的征服欲，做事情非常积极、专注和利落，而这正是女人要向男人学习的。另一种是专注思维。当一个小男孩沉浸于玩游戏时，他们总是特别怕被打扰。而当家长看到小男孩整天玩游戏时，则会很生气，他们常常粗暴地从小男孩手中夺过游戏机，小男孩自然很生气，马上就趴在地上打滚儿。事实上，小男孩玩游戏的这种专注思维会伴随男人的一生，他们在工作、学习和做事情的时候，都像孩童在玩游戏，不希望被打扰，全身心地投入其中，非要做出一点成绩来，而这也是女人要向男人学习的一种优秀思维。

在某个媒体广告上，我曾看到这样一则招聘启事：一家公司要招女员工，但特别注明具有男生特质的女生优先，而我们身边一些特别优秀的女性，其思维确实都偏向于"男性思维"，因为这种思维逻辑分析能力强，有野心，有格局。事实上，女性在发挥自身优势的基础上，再学习一些"男人的思维"，往往会成为助力自己成功的杠杆，也更容易活成自己想要的样子。

有一位"80后"的女性创业者，是一位知名互联网平台的创始人，在她的带领下，这个互联网平台在不到半年的时间内成功融资三轮，取得了非凡的成就。众所周知，在互联网行业里，女性从业者本就很少，而且以年轻人居多，一个"80后"属实没有什么优势可言。但是，这位创始人却另辟蹊径，发挥自己的女性优势，比其他两位男性合伙人要敏锐得多。虽然她的两位男性合伙人在互联网平台上深耕多年，但还是不具备她身上那种统筹协调、平衡关系的女性优势。而且这位创始人在最大化发挥女性优势的同时，还学到了两位男性合伙人身上的决断、果敢和冷静等男性的性格优势，从而使得公司在她的带领下发展得红红火火。当别人问她成功的经验时，她认为，女性在工作中不一定非要扔掉女性的特质，让自己看起来很强悍，这样反而会令人敬而远之，自己也会觉得累。

用男人的思维看世界，我们不需要伪装，让自己看起来强大，而应像武侠小说中名为"金丝软甲"的护身服一样，看起来柔软，可以穿在身上，却坚硬如铁，能够阻挡刀剑。只有这样，才能活出女性最美的姿态。比如，很多女人活得过分精致，小到出门没有涂防晒霜就坐立不安，晚上睡前没有敷面膜就睡不踏实；大到节日没有收到礼物就怀疑爱人出轨，发个信息没有秒回就认为他不再爱自己等。如此活得太较真儿，会把别人的眼光看得比天大。这时候，不妨用男人的思维来看待和解决这些问题，为人处世随和一些，对于小细节不较真儿，这样才能收获放任自流的快乐，烦恼也会像云烟般飘走。

我为自己代言

真人版电影《美女与野兽》里的女主角艾玛·沃特森在生活中是一位充满个性的女性。她出生在一个崇尚女性不读书的村庄里，而她却偏偏敢于向风俗说不，毫不避讳地拿起书本，终日畅游在文字的海洋里。面对村民的指指点点，她丝毫不放在心上，因为她感受到阅读可以给自己带来很多快乐。事实证明，正因为有丰富的阅读经历，才让后来的她能够在银幕上如鱼得水地扮演各种角色。

但在现实生活中，像艾玛·沃特森这样敢于展现自己的独特个性、勇于为自己代言的女性却很少。大多数女性还挣扎在传统观点与保持个性两个命题之间，无法作出自己的选择。她们有的选择了低头，听从父母的建议，走上了相亲、结婚、生子的人生道路，把自己的锋芒和个性都隐藏起来，自我价值的实现因此被束之高阁，结果离自己想要追寻的理想生活状态越来越远。而另一部分女性还在坚持自我，不让生活把自己埋没，始终保持自己的个性，按照自己喜欢的方式生活。

我的朋友小怡是一位特别有个性的女性，她在一家跨国企业里工作，里面有很多和她志同道合的女性。在公司自由、开放和包容的工作氛围中，她的个性更加鲜明，做自己喜欢做的事情，爱自己喜欢的人，敢于发声，敢于做自己。比如，只要遇到假期，小怡就会和同事们一起去旅行，到处看世界，去长滩岛潜水，去布拉格广场喂鸽子，去荒漠里烤肉，生活过得惬意自在。虽然小怡的母亲一直在做小怡的工作，劝她好好找一个对象，考虑找一个人嫁了，过上普通女孩该过的生活，但小怡从来没有向母亲妥协过，她始终认为，对的人从来不是找到的，而是在自己前行的路上遇到的。所以，她不会为了给母亲交差就随便找一个人结婚，她还想飞，为什么要折断自己的翅膀？虽然小怡的母亲一直忍不住叹气，但是小怡的很多同学和朋友却非常羡慕小怡的生活状态，禁不住为她敢于为自己的个性、生活和选择代言而竖起大拇指。

每个人在这个世界上都是独一无二的存在。有人喜欢你，也有人讨厌你，但这并不代表你就是一个一无是处的人。鲜明的个性就

▶▶ 美丽是一场修行

是自己的旗帜，直接宣告自己是一个什么样的人，勇敢做自己，别人怎么看与自己无关，你要做的就是继续在自己选择的道路上前行，用行动活成别人眼中的风景。那么，如何才能很好地为自己代言呢？

1. 为自己代言，要诚实面对自己的内心

很多女性总是在自己的真实想法与别人的建议看法之间纠结。敢为自己代言的人，会抛弃所有附加的权衡和利益，直击问题的核心，倾听自己内心的声音：自己真正想要的是什么？想做的是什么？直面自己的个性，拥抱自己的个性，为自己的个性鼓掌。只有敢于为自己代言，才不会在摸爬滚打中、在人情世故里丢失了自己。事实上，这是很多女性经常会犯的错误，她们不敢面对自己的真实想法，只是一味地随波逐流，盲目去模仿，盲目付出接受，最后发现活得根本不是自己想要的样子，把原汁原味的自己给弄丢了。

2. 为自己代言，要持续付出努力

为自己代言，并不是喊喊口号那么简单，还需要持续付出努力，用实际行动来为自己代言。我的闺密小墨在参加工作之后，非常想有一套属于自己的公寓，她一直在为这个目标悄悄努力着。但是，母亲知道之后，把她训了个体无完肤。小墨的母亲认为，女孩在参加工作之后，下一个任务就是找一个好老公，结了婚就有了房子，为什么还要自己去买房子？但小墨认为，作为一位独立女性，就要敢于为自己的心动和愿望买单，而不是让别人来帮自己实现。所以，小墨根本没有把母亲的建议放在心上，依然没有放弃这个梦想。在工作两年之后，她就攒够了首付，给自己买了一间小小的公寓，实现了自己的心愿，这让她很有成就感。而她也用自己的努力、自己的行动为自己代言：我就是这样的人。而小墨的母亲看到这个结果，也不再劝阻，开始尊重小墨的决定。

拼的就是存在感

我认识的一位杂志社的编辑，每天过着按部就班的生活，几十年都没有变。除了偶尔加班，基本上一下班就直接回家，不外乎买菜做饭、洗碗收拾，再辅导孩子写作业，给孩子洗澡、洗衣服，总是家里最后一个休息的。而她的丈夫回家之后什么也不干，吃了饭就开始看电视，要么看手机、打游戏。到了周末，这位编辑的丈夫除了什么家务也不做，还要外出打一天麻将。我们听她诉说，问她是不是过得很辛苦。她只是说，除了这样，还能怎么样呢？好在自己已经习惯了。我们都劝她和自己的丈夫好好谈一谈，说不定他会有所改变。但她说，

▶ 美丽是一场修行

吵过、闹过都不起作用，关键在于自己的工资比丈夫的工资低很多，而他又有大男子主义倾向，两个人的实力不对等，怎么可能有公平的对话？

像这位编辑一样在家庭中没有存在感的女性其实不在少数。她们在出嫁前也是父母呵护的宝贝，但是一旦结了婚、有了孩子，就完全变了，一下子就变成了家务能手。比如孩子生病、电表跳闸、招待亲朋好友等，都能上手，即使晚上辅导孩子写作业太晚，第二天早上照样准备好早餐后再去上班。云云就是一个很好的例子，她在结婚之前很少进厨房，在结婚后不到一小时就能做出一桌子饭菜，令人唏嘘不已。

存在感是一个很火的词，现在的人都喜欢刷自己的存在感。但是，一位女性在家庭、工作和生活中，如何才能不像我的编辑朋友和云云一样失去自己的存在感呢？

陈乔恩，年过四十还不准备结婚，很多人都催着她结婚，包括家人、朋友、网友和影迷，希望有人把她捧在手心里爱护。但陈乔恩却认为，这并不能证明自己的存在感，自己有手、有脚、有脑子，为什么要靠婚姻来证明自己的存在感？自己有底气支撑起自己的生活，这就是自己的存在感。

从案例中我们看到，陈乔恩的存在感并不是她有多漂亮、身材有多棒、多有气质和学识，而是她经济独立，能够通过自己的努力实现财务自由，而这就是她最强硬的存在感。也就是说，只有经济独立，才会让女性能够掌控自己的生活，也会因此拥有更多的选择权，很容易做出一些成就，从而刷出自己的存在感。

1. 已婚女性的存在感

在夫妻闹矛盾的时候，很多女性爱说的一句话就是自己要回娘家。但是，等到真的回了娘家之后，如果男方不来接自己回家，她自己都不好意思回去，搞得自己很被动。在电视剧《都挺好》中，女主角在和男主角吵架的时候从来不回娘家，因为房子就是她自己买的，家里吃喝拉撒的开销都是她负担的，丈夫在她面前强硬不起来。所以，两个人在闹矛盾的时候，女主角很有存在感，男主角就会有所顾忌，从来不敢说让女主角滚出家门去。因为真的要计较起来，真正要滚出去的是他自己。

此外，虽然是已婚女性，但是大家仍然很在乎自己的容貌和外表，而这些都离不开金钱的支撑，因为衣服、包包、鞋子、美容……哪一样都离不开钱。伸手向丈夫要的钱和自己凭实力赚来的钱，哪个花得更痛快？当然是后者。所以，要想做一个有存在感的已婚女性，必须经济独立。

2. 未婚女性的存在感

对于未婚的女性来说，经济独立就更加重要了，这样可以让你睁大眼睛去寻找一个自己喜欢的人，而不会被一些外在条件蒙蔽双眼，从而耽误自己一生的幸福。这就是为什么有的相亲男把"有房有车有事业"挂在嘴上。对于一位经济独立的未婚女性来说，在面对这些诱惑的时候，可以保持理智和清醒。"有房有车有事业"只能说对方的物质条件比较好，而不能证明对方的人品和性格也很好，甚至二者之间并没有什么关联。如果能够做到"生日礼物不用送""房子可以自己买"，那么这样的未婚女性的存在感是令人刮目相看的。比如一位普通的员工，为了让自己的价值最大化，在工作之余去做兼职，如做电商、做写手，每个月除了有稳定的工资收入，还通过兼职赚到了比主业高达5倍的副业收入。多重职业让她有了多重收入，经济也变得越来越独立，而她也越来越有存在感。

安全感是自己给的

我的朋友婷婷在一次偶然的聚会上认识了一个"富二代"，婷婷从小家境普通，在"富二代"的猛烈追求下，经受不住珠宝、鲜花的轰炸，很快婷婷就嫁给了他，没多久婷婷就辞了职，安心过起了阔太太的生活。但是，这样的岁月静好并没有维持多久，婷婷刚生完孩子三个月，"富二代"便开始夜不归宿，经常在外边花天酒地。婷婷不停地开导自己，只要自己真心爱他，他一定会回心转意。所以，婷婷选择睁一只眼闭一只眼。她也想过离婚，但底气不足。一则孩子太小，二则自己已经习惯了阔太太的生活，住好房子，开好车，可以买各种名牌衣服和包，很难再回到过去清贫的生活中。但是，婷婷的大度并没有换来"富二代"的珍惜，在孩子5岁的时候，"富二代"向婷婷提出了离婚，而且非常坚决。婷婷坚决不离婚，却不想被"富二代"告上了法庭，经过几个回合的纠缠，最终还是离了婚。因为婷婷没有正式工作，所以她没有争取到孩子的抚养权，房子、车子都是男方的婚前财产，全部归男方所有，婷婷被扫地出门，十分凄惨。婷婷曾经以为嫁一个"富二代"就可以永远过上衣食无忧的生活，却不想落得如此下场。

其实像婷婷这样的女人有很多，她们把婚姻当作避风港，把自己的安全感全部寄托在家庭和男人身上。可是，世事无常，一旦有一点风吹草动，最受伤的往往就是这样的女人。所以，女人要牢记，真正的安全感从来都是自己给的，别人给的安全感都靠不住。

在知乎上曾有这样一个问题：对于女人而言，安全感究竟意味着什么？有一个被网友盛赞的回答是这样写的：

年轻时觉得，安全感是男友秒回的信息，是爱人的每一份承诺，

▶ 美丽是一场修行

是过马路时紧牵着的双手，是他温柔的言行。后来才发现，我的安全感竟大部分是自己给的：元气满满地赚钱，适时细品人间烟火气，闲看庭前花开花落，漫随天外云卷云舒。

这位网友说得很有道理，女人的安全感唯有自己去创造，而不能寄托在任何人身上，这样才能更好地掌控人生，享受自在美好，踏踏实实走好自己脚下的每一步路。也就是说，无论有没有人爱，你都有能力让自己过得很好；无论离开谁，你都可以赚到钱，能够养活自己，可以应对人生的任何变化与不测。那么，如何给予自己安全感呢？

1. 不断强大

女人的一生，很多人都被局限在母亲、妻子的角色中，自己作为女人的角色却被忽略了。而那些拥有安全感的女性都有自己不被定义的人生，敢于追求自己的梦想，不断强大自己。东京奥运会田径女子铅球项目的金牌得主是 32 岁的巩立姣，她不只是一名运动员，还投资经商，开过洗衣店、奶茶店、海鲜店和健身房。也就是说，她并没有只做运动员，还为自己寻找着其他证明自己价值的途径。结果，她用自己的行动证明了自己的强大，不仅生意做得顺风顺水，还代表中国参加了奥运会，站在了最高的领奖台上。巩立姣的安全感谁也拿不走，因为那是她自己亲手造就的。

2. 向阳而生

人生总有很多缺憾。当你按照自己的节奏努力生活的时候，在别人的眼中却成了一个异类，觉得你不是心理有问题，就是身体有问题。有的女性就会因此害怕别人的目光，对自己的选择也开始不自信起来。事实上，对于女人的安全感来说，最大的威胁就是恐惧，特别是一些不确定的恐惧，会让她们变得不知所措。但是，如果换一种角度来思考，你就会发现，如果你能坦然面对眼前的一切，心里没有任何缺失，就不会缺少安全感。就像一句话说的那样，与其追赶一匹马，不如用那个时间去种草，待到来年春暖花开的时候，就会有一群马被吸引而来。所以，女人要保持积极的心态，时刻向阳而生，才会拥有不被他人所定义的自由。

越独立越自由

有一位外国女作家在一本书中讲到自己的祖母玛利亚，让很多人从这个故事中看到了千千万万的女性身上那种独立自主的精神。

玛利亚出生在一个小镇，是家里唯一的女孩，在她5岁的时候母亲去世，她和父亲相依为命。因为父亲酗酒，没有正式的工作，她的童年生活极度贫困。玛利亚长大结婚，在孩子出生一个月后，丈夫就因为交通事故身亡；20天后，孩子也夭折了。在短短的时间内，她经历了丧夫、丧子之痛，承受着常人难以想象的精神打击。好在，玛利亚没有被打倒，没过多久她又重新振作起来，通过努力学习考取了一张资格证书，进而获得了一个非常难得的工作机会。但是，她的人生并没有因此顺风顺水，她的第二次婚姻同样以失败告终。她本就没有多少财产，离婚也没有得到什么补偿，导致她的生活一度陷入困境。好在，在第三次婚姻中，她找到了自己的终身伴侣，和他生儿育女，过上了平静美好的生活。玛利亚从小就给自己的女儿们灌输要独立自主的思想，希望她们在思想、经济和人格上都要实现独立，这样才能让她们在困境中依然可以坚强地生活。这让玛利亚的女儿们受益终身，她们都成了非常优秀的女性，都能够独当一面。

从玛利亚的故事中我们看到，女性独立不仅是一种精气神，还是一种韧性和不屈的见证。但是，很多人把女性独立当作一种强势和自我，显然这种认知非常偏激。真正独立的女性能够站在自己的角色立场上，很好地表现和张扬自我。在她们的身上一般有以下几种品质。

1. 经济必须独立

不管你能赚多少钱，但至少可以靠自己的努力实现自食其力，而不是成为寄生虫。也就是说，即便自己有依靠，也要明白，无论是在爱情中，还是在婚姻中，经济独立是一个女人立世的最好状态，千万别被男人的一句"我养你"冲昏了头脑。因为随着时间的流逝，这种承诺根本经不起考验，而你却在这句"我养你"中丧失了独立生存的能力，更加依赖他，他也因此轻松地掌控了你的命运，你岂不是断了自己的后路？这样的婚姻很容易出问题。所以，经济独立才是一个女人实现独立自主的基础。

2. 无条件地爱自己

爱己，才能爱人。一个不好好爱自己的人，也不会很好地爱别人。只有真正爱自己的女性，才会拥有精神上的富足，她们无条件相信自己是最好的，自己是独一无二的，因此也能清楚自己人生的价值，从而在与男人相处的过程中，不卑微、不讨好、不迎合，始终保持清醒，敢于迎接生活给自己的任何挑战，在现实中扎根绽放，这样的她们魅力不可阻挡。爱自己也可以从一些小事情上切入，比如不管做什么事情，都要静下心来关注一下自己的真实感受。如果自己感觉不舒服，那就是自己不喜欢做的事情，马上按下暂停键，不要让自己勉为其难。

3. 有人格和尊严

作为一名独立的女性，当感觉到别人对自己的人格产生怀疑和挑衅时，一定不要有任何的让步和胆怯，而应及时还击，表明自己的态度和立场，维护自己的人格和尊严。曾在新闻中看到一个真实的案例：一个妻子为了不和丈夫离婚，居然与丈夫带回家的女人共居一室生活，她想用自己的隐忍和讨好让丈夫回心转意，却不想丈夫并不领情，反而把她当作空气一样对待，还指使她为自己和第三者洗衣做饭。一个女人的尊严不是别人给的，而是自己树立起来的。遇到这样的情况，就狠狠地还击，绝不能让自己的日子过成这样，把尊严扔在地上被别人肆意践踏。一个能够维护自己尊严和人格的女人，才能拥有鲜活与立体的人格，才会有硬邦邦的骨气。

　　人生不如意事十之八九。无论你长得如何美丽，生活都不会让你光鲜靓丽地度过一生，随时会出个难题。只有依靠自己的实力和能力从容应对，即便辛苦一点，最起码经济独立，不用看人脸色、低三下四，有自己的人格和尊严，这样的女人才最美丽。

内心强大，做一个无所畏惧的女人

卡耐基说过，当一个女人拥有了强大的内心后，她就会变得无所畏惧、充满能量。也就是说，内心强大的女人在命运的洪流中会宠辱不惊，无论遇到什么挫折和诱惑，她都可以心无旁骛，固守内心的坚定，最终活出真正的自我。

你的名字不叫弱者

婷婷性格温柔，长相甜美，而且拥有高学历，是很多男生喜欢和追求的类型。但是，因为她长期在外地上学，她的父母不希望她嫁到外地，让她找对象一定要找本地人。婷婷无奈，因为她从小就听父母的话，不敢有一点违抗。于是，在父母的张罗下，婷婷和父母战友的儿子开始交往。这个男孩子和婷婷理想中的白马王子相去甚远，外表和性格根本不是她自己喜欢的类型，但是婷婷的父母却认为他们很般配，因为都是熟人，相互了解，以后婷婷不会受欺负。婷婷又一次服从了父母的安排，硬着头皮和男孩子相处。但是，没过半年，这个男孩子却主动提出要和婷婷分手，理由是不喜欢婷婷的软弱，什么都听父母的，没有自己的主见。婷婷为此大受打击，自己忍气吞声，结果还被人家嫌弃，真是有苦说不出。她后悔当初没有大胆说出自己的看法，也后悔没有勇敢地拒绝父母的建议和安排。

事实上，在生活中有很多女性和婷婷一样，从小就把服从当作家常便饭，从来没有拒绝的勇气。当一件事情不合适的时候，她们不敢表达自己的意见和看法；事过之后，所有的痛苦和伤害却都由自己默默承担，有苦说不出。面对这个问题，女人一定要认识到，自己不是弱者，一味忍让和妥协并不能给自己带来什么幸运，只会让自己深陷痛苦的深渊。

小说《哈利·波特》的作者J.K.罗琳说过："改变世界不需要魔法，只要我们发挥出内在的力量。"也就是说，无论是在工作上，还是在人际交往上或感情上，女人都不能像绵羊一样软弱，失去勇气和智慧，亲手赐予别人伤害自己的机会，最后把自己逼到绝境。所以，当遇到挑战的时候，女人要主动出击，掌控自己的命运。

1. 告别弱者心态

心理学研究发现，绝大多数女性都有自己的人生难题和情感困惑，但这些难题和困惑的根源都在于这些女性把自己当成了一个弱者，不自信，没勇气，总把自己的幸福寄托在家庭、男人身上，认为只有这样才能过好自己的人生。但是，这样做的后果往往不尽如人意，这会让女性很容易失去自我，在收获无数的失望之后，变成一个真正的怨妇。可见，弱者心态毁掉一个女人轻而易举。所以，女人要自省有没有这种心态，及时调整和纠正，相信自己的力量和智慧，这样才能牢牢把握住幸福。

2. 足够强大自己

比尔·盖茨说过：在你没有成就之前，没人会在乎你的自尊。也就是说，当女性自身足够强大的时候，世界自然就会对她和颜悦色。所以，强大才是保护女性自尊的最好武器，不会被人轻易践踏。在印度电影《摔跤吧！爸爸》中，辛格和他的两个女儿在为自己的梦想做准备的时候，处处遭人白眼、嘲讽、怀疑，没有人认为他们会成功。但是，当辛格的大女儿吉塔赢得摔跤冠军的荣誉时，世界瞬间换了一副模样，到处都是掌声、鲜花、赞扬和笑脸。这就是现实！与其抱怨，不如藏好自己的柔软，努力修炼自己、强大自己、证明自己，才能让自己变得更加美丽和坚强。

3. 勇敢面对一切

每个女性在工作和生活中都会遇到困难和挫折，但在这时候，绝

▶ 美丽是一场修行

对不能去博取别人的同情和可怜,而要勇敢面对,为自己的人生拼一回。

挫折是上天给的一份礼物

《沙漠之花》这部电影讲述了非洲索马里的一位少女经历重重苦难,最终变成世界超模的故事。这部电影的剧情和人物都是真实的。故事中的女主人公从小接受了血淋淋的割礼,差一点丢掉性命,刚十三四岁又被迫嫁给一个年过半百的老头,她拼命逃到外婆家后,又被外婆安排到姨妈家做女仆,直到她长大。后来,姨妈一家搬到索马里,她害怕被那个老头找到,没有跟着回去,却也无处可去,只好流落街头。在这个过程中,她结识了一个很好的朋友,给她提供住处,给她介绍工作。后来,女主人公被一名摄影师看中,成为签约模特,最终一举成名,站在了世界名模的舞台上。她成功之后,主动揭开伤疤,担任联合国大使,呼吁废除非洲割礼这一习俗,让非洲几亿少女免受割礼的伤害。

这部电影向我们展示了女主人公面对命运的挫折,没有屈从,而是勇敢地反抗，凭借顽强的毅力，最终活出了更加精彩的自己。挫折就是一块试金石，对于软弱的女性来说是致命和无法承受的，而对于勇敢的女性来说，却是上天给的一份礼物。

1. 面对挫折，勇敢反抗

敢不敢迎接挑战，是一个女人内心够不够强大的表现。有些女性一旦遇到挫折，首先想到的就是求助别人，而不是自己处理。《玩偶之家》中的娜拉是一位善良、热情、富有责任感的小资产阶级女性，她是追求人格独立、勇敢坚强的女性代表。当她结婚后，面对丈夫的重病，不惜去借高利贷，还伪造了父亲的签字，冒着身败名裂的风险救治自己的丈夫。后来，为了还债，她不得不从事一些辛苦的抄写工作，省吃俭用，最终还清了贷款。娜拉面对挫折的无奈举动，让我们看到了她敢于反抗、不甘命运的美好品质。但在现实生活中，很多女性却和娜拉不一样，她们在面对挫折的时候，心里总是有很多的恐惧。比如，有的女性即便被人中伤、误解和讨厌，也不敢站出来为自己发声，只知道隐忍，默默承受，根本不敢反抗，还不断告诫自己不要发脾气、不与其计较、不要有负面情绪等。持有这样的心态，挫折就会很轻松地把她们打败。

2. 面对挫折，敢于挑战

大多数女性都喜欢安稳，她们害怕改变现状，害怕任何冒险行为，总是有很多的顾虑。这样的女性在面对挫折的时候，往往不敢迎接挑战，因为她们害怕自己无法承担挑战之后的结果。我有一位朋友是律师，他处理过很多离婚案子，他发现，前来咨询离婚的男人很快就会办手续，委托他处理离婚的相关事宜。但是，如果前来咨询的是女人，十有八九都是不得已才来的，因为自己被起诉离婚，她们才来找律师商量对策。她们丝毫没有男人快刀斩乱麻的勇气，而是拖泥带水、瞻前顾后，会考虑很多问题。比如，离婚之后，自己就没有了稳定的经济来源，而自己又没有多大的谋生能力，生活没有了依靠，无法面对一落千丈的局面；她们还会担心孩子受父母离婚的影响，没有一个健康、温暖的成长环境，会造成心灵的创伤；她们还会特别担心周围的人用异样的眼光看待自己。所以，她们更倾向于维持现状，要求自己隐忍、让步，到最后往往使得自己陷入更加被动的局面。

一个女性最强大的时候往往是无所畏惧的时候。当你面对挫折时，只要有敢于挑战的底气，做一个敢作敢当、敢爱敢恨、拿得起放得下的女人，所有人都会对你刮目相看，而你才能成为自己人生和命运的主宰。但是，遇到事情也不要过于勉强自己，该难过就难过，不要介意被别人看到，想哭就哭，不要把自己的脆弱刻意隐藏，毕竟大家都是肉体凡胎，而不是钢造铁铸的。发泄完，该反抗就反抗，该迎接挑战就迎接挑战，那些打不倒我们的终将让我们变得更加强大。

不妨做个狠角色

董明珠说过:"对自己狠一点,逼自己努力,再过五年你将会感谢今天发狠的自己、恨透今天懒惰自卑的自己。"要成为一个什么样的女人,在大多数时候完全取决于自己的态度和选择。如果你对自己不狠,选择了安逸享乐,那么你最终只会碌碌无为。只有你选择对自己狠,努力改变自己、长进自己,你才有可能收获一个更加美丽的人生。所以,女人必须学会做一个狠角色。

1. 对自己狠一点

著名舞蹈家杨丽萍在出席某次活动时,一出场就引起了不小的轰动。只见她身材苗条高挑,一袭飘逸的长裙,小圆帽下是长长的直发,乍一看不过是20岁出头的少女,没有人会想到眼前这么美丽的女子已步入花甲之年,敬佩不已。主持人问杨丽萍:为什么这么瘦?是如何保养的?杨丽萍说自己每天中午只吃一小片牛肉、半个苹果和一个鸡蛋,她对自己的饮食控制非常严格,绝不吃甜食和油炸食品,再配合高强度、持续的舞蹈训练,才会有现在的身材。主持人问她:这样不会感觉饿吗？杨丽萍说只要热量够了、营养够了就可以了，自己也从来没有因为吃得少、体力跟不上而倒在舞台上。从杨丽萍的这番话中我们深深地明白了一个道理，那就是变美也是需要付出代价的。如果你天生丽质，那么凭着青春美上几年是可以的；但如果想美一辈子，就是绝对不可能的。所以，女人必须对自己狠一点，才会赢得更长久的美丽。比如，当你面对高热量的美食和口味单一却健康的轻食、宅在家里一动不动和出门跑步锻炼、早上赖床和早起做营养餐的选择时，如果对自己不狠，就会选择美食、一动不动和睡懒觉，那么你的美轻易就会流逝。如果你选择轻食、跑步和做营养餐，打败自己的拖延和懒惰，对自己狠一点，那么你就不会被时间打败，轻松做一个美丽的女人。

2. 对学习狠一点

持续的学习对女人来说是头等大事。就像电视剧《中国式离婚》里的一句台词说的那样：女人的貌，江河日下；男人的才，蒸蒸日上。所以，女人在学习成长方面一定要狠起来，不断增值自己，才会让自己的魅力与日俱增。但很多女性在离开学校，进入职场和婚姻之后，很少再主动翻开一本书学习。她们在每天下班之后，不是社交，就是窝在家里刷手机、玩游戏、追剧，娱乐消遣成为生活的常态。而结婚后的女人更甚，把自己的大部分时间献给了家庭、孩子和丈夫，根本没有学习的意识，但凡让自己感觉累、苦和具有挑战的事情，坚决不会去做。

也有一部分女性，尽管在生活和工作中有很多困难和阻碍，但是不管多累多忙，都不会停止学习成长，努力让自己增值。她们认为，一旦停止了学习，就等于放弃了自己，自己所处的境遇和不顺只能成为一种常态，而自己除了顺应，再也没有力量去改变。所以，她们通过学习增长自己的力量，并为此付出了百倍的努力。比如，当别人下班后安心消磨时光的时候，她却拿起书本灯下夜读；当别人周末聚餐、旅行和玩耍的时候，她却在上课、学习新技能；当别人照顾家人和孩子已经精疲力竭的时候，她却坚持睡前看书一小时的习惯。这个世界对于那些对自己狠的人是公平的，你对自己越狠，就越靠近幸福。

3. 做事情狠一点

女人的一生少不了这样或那样的挣扎，在这种时候要狠一点，当断则断，绝不拖泥带水。比如，在必须选择分手、绝交、辞职、离开的时候，哪怕后果很严重，也不要让自己的尊严被践踏，否则只会让自己陷入被动。所以，女人做事情要狠一点，目标明确，并且能够付诸积极的行动。人生短暂，没有那么多的时间蹉跎和犹豫，看准了方向，就义无反顾地往前冲，努力做出一番自己的事业。做事情狠的女性往往爆发力也非常惊人，具有女强人的潜质。

▶ 美丽是一场修行

走一步看三步

我听过这样一个故事：有一对平常人家的姐妹，相差不过两三岁。姐姐已经订婚了，对方原是官宦人家，后来在朝堂上惹怒了权贵受牵连，家境迅速败落。这时候，面对前来迎亲的队伍，姐姐只想要当下的荣华富贵，不想嫁过去过苦日子，于是想悔婚，不管不顾地逃走了。无奈之下，妹妹只好替姐姐出嫁。但妹妹也不傻，她看中了男方的才华与学识，将来必定会有出头之日。后来，逃婚的姐姐终于如愿以偿地嫁入了豪门，过了一段相当风光的日子。但是，没过多久，因为她阻碍夫君纳妾，就被暴戾的夫君赶了出来，满身的伤痛和委屈。而妹妹与夫君同甘共苦，在很多年后，夫君高中状元，妹妹成了状元夫人，夫妻俩过得幸福美满。

看完这个故事，有人会说这个妹妹因祸得福。其实，妹妹能够幸福的关键是她走一步看三步，她懂得识人，懂得长远，能看到一个男人的人品、能力和未来。同为女人，姐姐和妹妹不同的遭遇就是眼光狭隘与长远的区别。所谓风物长宜放眼量，福气由很多因素决定，但眼光却要自己来练就。那么，女性如何才能走一步看三步，不畏浮云遮望眼呢？

1. 不断成长

在和一位姐姐聊天的时候，我向她抱怨自己不会做饭，做出来的饭家里人都嫌弃，不是咸了就是淡了，感觉自己在浪费食材，为此深感苦恼。但这位姐姐没有安慰我，而让我在手机上下载了一些她常用的做饭App，里面有很多简单的家常菜，而且视频和图文很丰富，一看就会。我在她的指导下操作好后，简单看了看便豁然开朗，问她怎么知道得这么多，她却说自己一开始也不会做饭，后来就留了一个心眼儿，经常在网上跟着别人学，一个菜一个菜地实践，慢慢就学会了，现在做家常菜已经非常得心应手了。我听完十分敬佩，这位姐姐就是一个聪明的女人，她会走一步看三步，在遇到困难的时候不是放弃，不是定义自己，而是去学习、找方法，突破和解决这个困难。也就是说，虽然她会不断遇到这样或那样的困难，但她也在不断地进步和学习，而一个不断成长的女性，是会令人刮目相看的。

2. 做好规划

在我们的身边，不乏实现了自己人生目标和梦想的女性，想必大家都会不由自主地羡慕和感慨，觉得她很厉害，而自己却差远了。殊不知，他人的成功并不是因为有什么神秘魔法，而是在努力的基础上，制订清晰的人生规划，在未雨绸缪之后，又把所有的时间和精力花在上面，自然会比一般人更容易实现自己的人生目标和梦想。每个女性都希望自己有高学历，有曼妙的身材，有可心的工作，有美丽的容颜，有傲人的成就，但是每次下了决心，却坚持不下来，无规律、无方法。在这种时刻，你要学会制订人生规划，规划可以是一辈子的目标，也可以是一年内、一个月内，甚至是一天内需要做好的事情。如此，你就会有自觉执行的意识，把每一天的工作和生活安排得有条不紊，走一步看三步才会落到实处，最终让自己变得头脑充实、内心丰盈，优雅美丽地活出自我。

3. 抵制诱惑

一个女人如果只是想要小富小贵，则可以靠一时的运气；但如果想要一辈子的好运，则必须会制订人生规划，能够走一步看三步，只有这样，才能在前进的道路上保持初心、抵制诱惑，最终达成自己的目标。我有一位从事演艺事业的朋友，人长得漂亮，才艺也了得，片约不断。但这一行大多吃的是青春饭，很多人抵制不了诱惑，为了赚更多的钱会选择一些"捷径"，甚至触碰法律和道德底线。但是，我的朋友没有这么做，她很清楚自己的目标，想以后转型做一名导演。于是，她每天除了工作，其余的时间没有用来应酬、拍广告，而是用来学习相关的知识，就这样日复一日地坚持着，一晃就是三四年。后来，因特殊原因演员都没戏拍的时候，她利用自己学到的导演方面的知识，自己在家做起了短视频直播，很快就成了拥有几百万粉丝的博主，凭实力成功转型，再也不用吃青春饭。

学会主宰自己的命运

一位年轻的国王在一次战争中被对手国家的士兵抓获了。对手国家的国王没有杀他，而且许诺会重新给他自由，但条件是这位年轻的国王需要回答自己的一个问题，如果回答不上来，那么他非但得不到自由，还会被处死。

这个问题就是：女人真正想要的是什么？

年轻的国王向自己遇到的每个人询问这个问题，但没有一个人的回答让他满意。后来，他遇到一个丑陋无比的女巫，女巫告诉他，自己就知道答案，而这个答案就是对手国王想要的答案。但如果想得到这个答案，就必须娶自己为妻。年轻的国王当然拒绝了，因为女巫实在太丑了。侍从纷纷劝他，性命比什么都重要，还是答应女巫的要求吧。年轻的国王没有办法，只好答应娶女巫为妻，而女巫也把答案告诉了他，那就是：女人真正想要的是主宰自己的命运。就像自己一样，说

▶ 美丽是一场修行

要嫁给国王，就一定要嫁给国王。

从这则寓言故事中，我们也明白了一个道理：能够主宰自己的命运，对于新时代的女性来说是天经地义的事情，只有这样，人生才会活得美丽和优雅。那么，如何才能主宰自己的命运呢？

1. 有主见不盲从

女性一定要有自己的判断和主张，不要人云亦云、盲目从众，特别是在人生的关键时刻，最忌讳盲目听信他人所传递的信息，影响自己做出正确的决定。就像安徒生在童话故事中写的那样：当愚蠢的皇帝在大街上赤裸着身体走来走去的时候，围观的人们还要献上貌似真诚的赞美：多么美丽的新衣啊！这些发出赞美的百姓就是盲从的人，看到别人说好看，自己也跟着说好看，根本不知道赞美的是什么。由此可见，没有主见、盲目从众，只会为女性的生活、事业套上一个无形的枷锁，会让女性对自己失去信心，同时也会失去用自己的头脑思索问题并做出人生抉择的能力。

没有主见、盲目从众的反面例子有很多，那些落马的官员，很多都是因此走上了万劫不复的道路。他们在诱惑面前本来可以做到不为所动，但是当大多数官员开始伸手的时候，少数官员的不为所动就显得"不识时务"和"另类"了。此外，还有历史典故中的东施效颦和邯郸学步，都是因为没有主见、盲目从众导致的贻笑大方。所以，一个想主宰自己命运的女性，绝对不能没有主见、盲目从众，小则会让自己短视，大则会影响到自己的人生，影响到一辈子的幸福。女性一定要擦亮双眼，在形形色色的世界里明辨是非、坚持自我，不要在盲目从众中迷失自我。

2. 保持真我本色

法国有一位作家叫辛涅科尔，她曾说："对于宇宙，我微不足道；可是，对于我自己，我就是一切。"在一个体操队的主教练眼里，伊琳无论是外形还是动作，简直就是上一届世界冠军的翻版。但伊琳听到这种评价却并不开心，她认为自己进入体操队，刻苦训练，不是要做某个世界冠军的翻版，她要做的是自己，一个叫伊琳的世界冠军。听到这里，主教练默默在心里为这个小姑娘鼓掌，为这个小姑娘敢为自己命运做主、敢坚持自我的骨气鼓掌。

曾经有一个小女孩，她非常想成为一名芭蕾舞演员。她遇到一位非常有名的芭蕾舞演员，便上前询问自己是否适合做一名芭蕾舞演员。没想到这位芭蕾舞演员很平静地说："你做不到。"这个小女孩很伤心，但她认为这么有名的芭蕾舞演员的评价和意见还是可以相信的，于是，她便放弃了自己的梦想。很多年以后，这个小女孩像其他女孩一样结婚生子，过上了平凡的生活。这时，小女孩又遇到了那位有名的芭蕾舞演员，便忍不住问她当初为什么否定自己。却不想，这位有名的芭蕾舞演员却说："我对每个人都这样说。"已经成了母亲的小女孩听后，目瞪口呆，后悔不已，为了别人无心的一句话，竟然把自己的人生毁掉了。

可见，如果把命运比作杠杆，保持真我本色就是一个支点，只要具备了这个支点，就可以成为一个在命运面前强有力的人。所以，女性如果要主宰命运，首先要学会无论在什么环境下都能保持真我本色，坚定自己的信念。你就是你，不是别人的续集，也不是别人的翻版，你就能成为最好的自己。

自信为王，活出自己想要的样子

美国教育家戴尔·卡耐基在调查了很多名人的经历后指出："一个人事业上成功的因素，其中学识和专业技术只占15%，而良好的心理素质要占85%。"也就是说，自信是女性成功的保证，是相信自己有能力克服困难，实现美好愿望的一种情感。所以，不管你是不是长得漂亮，只要拥有了自信，就拥有了美丽。

不完美也没关系

在《朗读者》的一期节目中，董卿邀请央视前主持人倪萍来录制节目，当董卿扶着倪萍登上舞台时，观众看到红极一时的倪萍老态龙钟的样子，非常心疼，但也纷纷为她惋惜，甚至担心她是不是遇到了什么事情，压力太大了。有些和倪萍不错的朋友甚至还劝她去整容，状态看起来也许会好一点。倪萍说自己也去折腾过，想瘦下来，想美一点，但是效果不太好，便放弃了，不如坦然接受自己最真实的样子。所以，她的心态很好，一上台就和观众开玩笑，说是倪大妈来了，大大方方地拿自己的老与丑来自嘲，逗得观众哈哈大笑，为她的真诚魅力所折服。

在这个世界上从来没有什么完美的东西，也没有完美的人。不完美的存在也是一种美，缺陷有时候也是一种美，在我们的身边不乏有点"缺陷"却十分有魅力的女人，像断臂的维纳斯般的存在。事实上，如果十全十美是完美的，也许就没有那么多人驻足欣赏了。就像意大利著名影星索菲亚·罗兰，在刚出道的时候，很多人都觉得她不够漂亮，臀部太大，鼻子也不够挺拔，甚至有导演建议她按照观众的要求去整容。但是索菲亚·罗兰说：虽然我不完美，但这些不完美才成就了我，让我与众不同。所以，只有接受自己的不完美，才会有别人眼中独特的自己。那么，如何才能很好地接纳自己的不完美呢？

1. 完完全全接纳自己

有些女性总是盯着自己不如意的地方，认为这是自己的缺点，总是拿羡慕的眼光看别人，觉得别人哪儿都比自己好，感觉自己在这个世界上完全没有存在感。我的一个朋友是一名医学院的毕业生，当看到同学们纷纷找到自己心仪的工作时，她一度非常恐慌，觉得自己一点用也没有，离开学校，离开父母的支持，就变得像浮萍一样，一点生存能力也没有。后来，等她学会正视自己、接纳自己的时候，她发现自己所谓的缺点是每个刚步入社会的人都会有的，调整一下，尽快适应就可以了，完全没有必要小题大做，这不过是人生必经的一种心路历程而已。所以，接纳自己，就是让自己变得更好的第一步，也是自己打开新世界大门的钥匙。

2.不以失败者定义自己

在遭遇一点挫折和失败之后，很多女性就会定义自己为失败者，并且坚信不疑，甚至会把自己当作一个典型的失败者，拿别人和自己不停地比较。事实上，没有人会百分百做好所有的事情，拿别人的长处和自己的短处比较，自然不会得出什么好的结论，只会浪费自己的时间和精力。朋友的女儿看到同学参加运动会的各个项目非常羡慕，感觉自己不行；又看到有的同学擅长演讲，而自己也不行，于是产生了深深的自卑。朋友告诉她，无论是运动还是演讲，都只是一个特长而已，不必每个人都会，而在自己身上也有别人比不上的特长。比如朋友的女儿喜欢写作，随便写写，也许在别的同学眼中就像变魔法一样的厉害。后来，朋友的女儿不再以"失败者"自居，而是逃离了自卑的深渊，用更多的时间和精力来打磨自己的写作特长，让自己变得更加自信。

3. 感激你所拥有的一切

当你真正接纳了自己的不完美之后，就会产生一种感激之情，感激自己所拥有的一切。我曾经是一个非常粗心的人，做什么事情都是小错不断，我为此很自卑，进而不自信。后来，我在电视上看到那些抑郁症患者总是没有办法控制自己的情绪，把事情搞得很糟糕，这时候我就特别感激自己的调节能力，还可以控制自己的情绪，什么也不放在心上，没有让自己的粗心大意演变成抑郁症。

总的来说，我们都不完美，很容易深陷恐惧、自卑和羞耻而无法自拔，而这些负面情绪会让我们无法看清自己真实的魅力，也让别人无法看清我们。所以，只有接纳自己的不完美，承认自己只是一个普通的人，才会让人感觉真实，才能用自己独特的光辉去照亮一部分世界。

学会大声说不

每个人在生活和工作中，在与人交往的过程中，总能遇到自己不情愿做的事情，只要一个"不"字就可以轻松解决。但是，偏偏这个"不"字并不是每个女性都能够说出口的，结果不但自己受委屈，做事情的效率也不尽如人意。所以，当我们遇到该大声说"不"的时候，要敢于毫不犹豫、斩钉截铁地说出来。

米米刚到一座城市工作，她的姨妈来看她，米米陪着姨妈到处转了转，到了吃饭的时间，她想请姨妈吃饭。但她身上只有不到50元钱，这是她所能拿出来的全部资金，原本想领姨妈随便吃点小吃就可以了，没想到姨妈看中了一家非常体面的饭店，米米不好意思拒绝，只好硬着头皮进去了。在点菜的时候，姨妈征询米米的意见，米米想到自己只有50元钱，只好说随便，但心里却打起了鼓。可是，姨妈并没有在意她的顾虑，而是自顾自地点起了菜。等到菜上来之后，姨妈不停地称赞饭菜可口，而米米心里只有忐忑，至于饭菜是什么滋味，她一点也吃不出来。吃罢，服务员拿来了账单，谁想姨妈立刻就把钱递了过去，结了账。米米刚想说什么，却什么也没有说出来。看到这里，姨妈笑了，她对米米说，其实她知道米米的钱不多，也知道米米的感受，但是为什么不直接说出来呢？只有坚定地把"不"字说出来，才是最好的处理方法。而姨妈之所以装傻充愣，就是为了告诉米米这个道理。

可见，敢于大声地说"不"是一种极具魅力的表现，能够给自己树立一个硬气的形象，让人感受到你是一个敢于对自己负责、敢于对别人负责的人。正如喜剧大师卓别林所说：学会说"不"吧！那你的生活将会美好得多。

1. 敢于大声说"不"的女性是成熟的

对于广大女性来说，什么样的请求可以直接拒绝，什么样的请求可以考虑，什么样的请求可以直接答应，自己一定要有一个严格的标准。如果你遇到自己不想做、不情愿做的事情，就要勇敢地拒绝，不要担心说"不"的结果，而要勇敢地承担后果。否则，如果你做不到的事情还不能及时拒绝，结果只会让你为难，还搭上自己的时间和精力。与其如此，不如一开始就直接拒绝，这才是成熟女性的表现，这是你的权利，你没有义务对别人的任何请求都做到有求必应。

2. 敢于大声说"不"的女性是勇敢的

我们经常看到一些女性在不幸福的婚姻中挣扎，自己受尽了煎熬和委屈，只是为了苦苦支撑一个家庭的完整，为了给儿女一个幸福美好的生活环境，总觉得通过自己的努力和行动，一定可以感化对方。但这样做的结果恰恰相反，会让对方变本加厉，让女性受到更大的伤害和痛苦。所以，女性只有勇敢地说"不"，不去委曲求全，不去无止境地忍让和付出，别人才会尊重你，而你才能够为自己争取到应得的利益。

3. 敢于大声说"不"的女性是智慧的

女性在大声说"不"的时候，不要不顾别人感受地说，而要懂得察言观色，善于洞悉对方的心理，这样才不会伤害别人，问题也会得到妥善处理。所以，遇到任何事情不要着急，要先冷静下来，再分析利弊，最后做出合理的决断，这样才能展现最真实的自己，而不用戴着面具生活。

虽然并不是什么事情都要说"不"，但如果遇到了以下两种情况，一定要勇敢地说出来。

①当别人把很麻烦的事交给你的时候

不管是在生活中，还是在工作中，总有一些人喜欢把麻烦的事情推给别人。而你碍于情面，或者为了表示自己的友好，经常会不好意思拒绝，最后为了完成不得不加班加点，苦不堪言。所以，在这种时刻必须大声说"不"，不在下次，就在这次，摆明自己的立场，这样对方就不会再把麻烦事推给你了。

②当自己没有错不需要道歉的时候

如果你根本没有错，为什么要给他们道歉呢？更何况人与人之间总会产生这样或那样的矛盾，很容易出现别人不讲理，却让自己道歉的情况，在这种时刻，千万不要为了不激化矛盾而选择道歉，而要大声说"不"，让对方不敢小看你，也就不会再找你麻烦、不尊重你了。

▶▶ 美丽是一场修行

总有比别人闪光的地方

有一次，我和闺密聊天，有一个话题让大家陷入了沉默，那就是：你觉得自己漂亮吗？你喜欢现在的自己吗？大家都有些不自信，甚至有的还很自卑，不认为自己很美丽。事实上，"美"这个词是因人而异的，是无法仅通过外貌来定义的。正如达·芬奇所说，你不见美貌的青年穿戴过分反而折损了他们的美吗？你不见山村妇女穿着朴实无华的衣服反比盛装的妇女要美得多吗？所以，每个人都是独一无二的，自然每个人的身上都有独一无二的闪光点。

人们都说，长得漂亮不如活得漂亮，坚信自己身上有闪光点的女性都是懂得欣赏自己的人，哪怕是孤芳自赏，也不会因此而自卑。就像一首歌里唱的那样：

想唱就唱，要唱得响亮，就算没有人为我鼓掌，至少我还能够勇敢地自我欣赏。想唱就唱，要唱得漂亮，就算这舞台多空旷，总有一天能看到挥舞的荧光棒。

可见，女性要擅长挖掘自己身上的闪光点，就算各方面都不出色，也要活出自己精彩的人生。那么，如何才能让自己闪光呢？

1. 保持外表的光鲜

态度决定一切。女性越是想在人群中闪亮，就越要保持外表的光鲜，即使在生活最窘迫的时候也不能放任自流，这是一个女性对生活的态度。对于著名节目主持人董卿，很多人从来不吝惜赞美之词，感觉再华丽的辞藻用在她身上也相得益彰。为什么她会有如此大的魅力呢？其实，拿董卿自己的话来说就是，很多人认为美丽只是一种展示，没有什么意义；其实，如果美丽可以变为一种态度和精神，能够积极影响更多的人，那么这样的美丽就有意义了。而时刻保持外表的光鲜就可以收到这样的效果，不仅会让自己时刻充满信心，也会对别人产生积极的影响。

2. 经常去看看世界

读万卷书，还须行万里路。女性要多出去看看世界、见见世面，这样可以开阔眼界，而不要把眼光局限在一亩三分地和一些鸡毛蒜皮的事情上。很多女性在结婚之后就很少出门了，每天不是做家务，就是陪孩子，渐渐地思想也变得固化起来，对外面的生活也没有什么向往之心,这样的女人如一潭死水,没有一丝波澜,慢慢就会变得无趣无味。而经常去外边看世界的女人,当她踏过千山万水,尝过千种滋味,走过灯红酒绿,再回到出发点时,会更加认真地生活,会更懂得生活的美好。同时也会心胸开阔,在过好自己生活的基础上,抽出时间丰盈和充实自己,享受生活,这样的女人更加闪亮。行走在路上,丰富的阅历会沉淀气质,开阔的眼界会拓展心胸,这样的女人就不再是一个只会用纸巾擦拭眼泪的小女人。

3. 多和朋友在一起

很多女性在有了爱情,有了男朋友,有了家庭之后,自己的圈子就缩小了,主动放弃了和朋友在一起的时间。其实,偶尔和朋友在一起聊聊天,谈谈人生,说说理想,会有助于女性生活得更幸福。比如,在无聊的时候可以一起逛逛街,一起做美甲和做头发;在生病的时候有朋友嘘寒问暖,相互牵念;或者快乐的时候一起去外边疯玩,难过的时候互诉衷肠。一份美好的友情可以暖心互益、滋润心扉,让你感觉生活不再孤单,这样的你才会在别人的眼中变得闪闪发亮。

知道自己要什么

有一位华裔老妇人居住在英国的一个小镇上，她在每天上班的路上总能遇到一个年轻的华裔女孩，这个女孩以沿街为小镇上的人唱歌为生。她们经常在一家咖啡店里相遇，老妇人注意到，这个女孩每天喝的咖啡和吃的面包都很便宜，便想到她可能唱歌赚得并不多。以她的外形和口才，应该能够找到比唱歌更好的工作。有一天，老妇人主动和女孩打招呼，在问候了一番之后，她告诉女孩，自己想帮她找一份更体面的工作，不用再沿街卖唱了，这种职业不稳定。或许可以试试去教中文，会比现在赚得多。

女孩听后先是愣了一下，然后有些不悦地告诉老妇人，自己现在非常喜欢这个职业，而且这种生活状态正是自己想要的，可以给自己带来很多快乐，而且也可以给别人带去快乐，这有什么不好的呢？多赚一点钱并不是自己努力的目标，她不想自己远离亲人、远离家乡就是为了做一份自己不喜欢的工作、不快乐的工作。老妇人听后，面对这个清楚地知道自己想要什么的女孩，一脸的惭愧和羡慕。

▶▶ 美丽是一场修行

每个女性生活的目标是不一样的。有的女性只想过上衣食富足的生活，那么她会选择去追求财富；有的女性想让自己变得自立自强，那么她会选择努力奋斗，提升自我，创造价值；还有的女性想要幸福美满的婚姻，那么她会为了爱情而放弃一些同样重要的东西。由此可见，一个女性非常清楚地知道自己想要什么，在自己的人生规划中，比什么都显得重要。只有清楚地知道"假如明天你将死去，你最想要的是什么"这个问题的答案，才能明白什么才是应该耗尽自己的一生而不断努力追求的。

《小妇人》中的女主人公梅格条件优越、外表漂亮，人们都认为她这样优秀的女孩应该嫁入豪门。但梅格偏偏出乎所有人的意料，拒绝了贵公子的追求，嫁给了一个家境普通的年轻人。很多人都觉得她太傻，放着眼前豪门阔太的日子不过，偏偏要去受苦受穷，简直不可救药。梅格却并不把这些评价放在心上，因为她知道自己想要的幸福是什么。她也追求过那种奢华的、随心所欲的有钱人的生活，但是后来她发现那样的生活并不适合自己，太浮华、太空洞、太虚伪，并不是自己想要的生活，所以她才会选择一个虽然没有多少钱，但是很务实的男子作为自己的终身伴侣。

每个女性如果想要真正的美好幸福人生，就要像女主人公梅格一样清楚自己想要什么、过什么样的生活、找什么样的爱人，而不是一味地随波逐流，最终迷失自己。而如何选择，考验的既是女性的智慧，也是女性的眼光。聪明、美丽的女人总是懂得如何在自己的能力范围内挑出最适合自己的东西。

但有不少女性没有自己的生活目标，而又不满足于现状，于是常常渴望别人的生活模式。这样的女性只看到了别人的光鲜，唯独看不到自己的优势，太在乎别人怎么看、周围的人怎么说，从来不问问自己想要什么，长此以往，最终在别人的光环下迷失自我。著名女作家三毛说过，她从小就想做一个捡垃圾的人。虽然言过其实，但只要是自己想做的事情，不管是什么事情，都是值得看重和为之付出的，没有什么高低贵贱之分。那么，如何确定自己想要的是什么？如何准确地定位自己呢？

1. 自我评估

一个人只有对自己了解得充分，才能获得理性的认知，从而发现自己真正想要的是什么，然后确定个人的发展方向和目标。

2. 合理定位

准确地定位自己，可以让女性更快地找到自己最想要并且最适合自己的一切，而不是盲目地追随外界的潮流。

▶▶ 美丽是一场修行

不在意别人的评价

你吃得太胖了,你不适合这个颜色,你还是找个人嫁了吧,女孩子不适合开这种车,你应该喜欢喝咖啡……

对于这样的评价,我们每天都会听到很多次,无论做出评价的人是谁,作为一名独立女性,你认为应该听取和相信这些评价吗?我们自己胖不胖、适合什么颜色、嫁给什么样的人、开什么样的车、喝什么咖啡,为什么要让别人来指手画脚,难道我们就没有自己的认知和思考吗?所以,如果你想做一名真正自由的女性,就不能在意别人的评价。从某种意义上来说,阻碍我们成为自由女性的最大敌人就是我们自己,我们总是把自己局限于别人的评价中。

小孩子在玩耍的时候是无忧无虑的,因为他们不用考虑别人的评价,不用想自己身上的社会责任,不用担心哪种语言和行为会被别人嘲笑,不会害怕被别人拒绝,也不会害怕挫败,他们可以坦然地表达自己的情绪而无所顾忌,所以他们是自由的。那我们是从什么时候开始在意别人的评价的呢？就在我们被社会化的过程中，我们听到了太多或无心或善意的评价，让我们在不知不觉中失去了自由。

假如有一天，你和朋友在街上散步的时候，突然看到一个小姑娘在卖花，而这个小姑娘衣衫褴褛，一时间让你的同情心大发，于是拿出钱包，把小姑娘的花全部买了下来送给自己的朋友。你的朋友也许会想，你这么做是为了在自己面前炫耀一下你有多无私、多有爱心。你的朋友也许会想，你是一个非常善良的人，把小姑娘的花全买了下来，她可以早点卖完，早点回家。而卖花的小姑娘也许会想，你一定很喜欢自己的朋友，所以才这么大方地给她买花。你的朋友和卖花的小姑娘对你的行为做了不同的解释，他们对你的评价都带有主观性，而为什么买花只有你一个人知道，别人说的都不完全准确。所以，永远不要只相信别人的评价，你需要听从自己内心的声音。

在短视频平台上有一个女孩非常火，她叫苏半月，大家对她的印象非常深刻。这个女孩之所以火起来，并不是因为漂亮和苗条，而是因为她有些胖。是的，她胖得非常自信，根本不在乎别人如何评价，她自顾自地美丽着，让很多人为她的自我所折服。但在生活中，一些女性并不是这样的，她们总是非常在乎别人的评价。如果她们看到一个很漂亮的女孩，在感叹别人漂亮的同时，就会在心里否定自己，觉得自己哪儿都比不上人家。她们从来没有想过，在自己身上也有独一无二的美，是别人所不能复制和模仿的。现如今，随着经济和社会的发展，女性的地位越来越重要,"半边天"的说法一点也不夸张,这也让女性对自我的认知越来越强烈。但是,很多女性不管自己是否优秀,还是会不断寻求来自家庭和社会的认可的。

其实,我们自己的生活才是最重要的,别人的评价只是一种噪声,而能不能让它对自己的生活产生影响,则完全取决于自己的态度。如果你能做到完全无视和忽略,那么这些评价就像一阵风,没有任何价值。

女性一定要努力提升自己的见识、文化水平和社会地位,这样就不会再有那么强烈的认同需求,也就不会时刻要求被肯定、被赞扬,自然不会太在意外界和他人的评价,活得自给自足、自信愉快,也就不会因为别人的评价和定义而为难自己。毕竟我们生活在这个纷繁复杂的世界里已经够筋疲力尽了,再为了别人的评价不断地否定和折腾自己,这对自己来说也是一种非常大的消耗和伤害。

希望各位女性能够大大方方、嘴角上扬、握紧拳头、悄悄努力,不会为了别人的评价而骄傲自满、恣意妄为,更不会为了别人的评价而自卑焦虑、伤心难过,而要把自己活成一道最美的风景。

情商加冕，魅力历久弥新的秘密

没有一个人是孤岛。我们都生活在现实社会中，每天都要与人打交道，为人处世的能力十分重要。一个女性情商的高低体现在生活和工作的方方面面，而那些情商高的女性总是特别讨人喜欢，甚至可以决定一生的命运与幸福。

学会像水一样包容

有一位修行的和尚住在深山之中，一天晚上，他到林中散步，回来的时候看到有一个贼走进了他的屋子。但这个和尚也没有什么值钱的东西，贼无奈地顺手拿走了和尚的一件衣服，正准备离开时，与回来的和尚撞了个满怀。贼有些不好意思，正要撒腿就跑，和尚却笑着对他说："你这么晚了还来山上看我，我也没有什么可表示的，就把这件衣服送给你了。天凉了，你穿在身上再离开吧。"说着，和尚主动把衣服穿在了贼的身上。贼特别不好意思，低着头、红着脸离开了。第二天清晨，和尚准备打坐时，看到贼又把他的衣服还了回来，而且叠得整整齐齐的，和尚露出了意味深长的笑容。

这个小故事告诉我们，如果我们能够时刻拥有一颗宽容之心，就可以化解很多不必要的烦恼。对于女性来说，遇到事情很容易想不开，这样会让自己活得很沉重。但是，如果我们能够宽容别人，不但可以及时释放心里的情绪，与自己友好相处，而且别人也能够因此获得改正错误的机会。正如富兰克林所说，对于所受的伤害，宽容比复仇要高大得多。宽容不仅是一种美德，更是让自己美丽、健康的法宝。所以，女性应该学会像水一样宽容。

两个年轻时曾被德国战俘营关押的士兵偶然相遇了，他们聊起了那段不堪回首的过往。其中一个士兵问另一个士兵：这么多年过去了，你还恨那些关押我们的人吗？另一个士兵回答道：这么多年，我没有一天停止过对他们的憎恨，不只是恨，我还诅咒他们都没有好下场。提出这个问题的士兵听后沉默了好一阵子才说：如果是这样，那么直到现在他们还在关押着你，你还没有走出牢笼。仇恨虽然是一种发愤图强的动力，但如果只是停留在仇恨之中，那么你将永远无法摆脱它，你将会陷入无限的痛苦之中，不断回忆那些不堪回首的往事。假如能够用宽容取代仇恨，你的心灵就能得到彻底的释放。那么，女性如何才能做到宽容呢？

1. 宽容是不抱怨

毫无疑问，一个事事都要抱怨的女人注定离快乐很远。因为抱怨越多，消极情绪也就越多，而在抱怨的同时，消极情绪会一次又一次地潜入你的意识里，破坏你内心的安静平和。事实上，宽容别人，也是在宽容自己，也是一种对自己的善待。所以，我们要养成遇事不抱怨的习惯，这不是懦弱，也不是无奈，而是一种艺术，是一种良好的习惯，是来自灵魂深处的内在修养，可以让人获得平静和快乐，让自己的人生更有意义。既然我们的人生都是不完美的，不如宽容这份不完美，让它成为我们的另一种美丽、另一种高尚的美德。

2. 宽容是学会忘记

忘记是一种能力、一种选择，更是一种人生的境界。因为人生是一场艰难跋涉的旅途，总会遇到各式各样的坎坷，只有学会忘记，才能轻装上阵；只有懂得放下心理包袱的女性，才能够坦然面对生活中的得与失，才能感受到柳暗花明的惊喜。不管我们遭遇过什么，如果受到了伤害，伤口总归需要愈合，最可怕的就是忘不了、放不下，不断揭开自己的伤疤，那么你永远迈不过这道坎。只有选择忘记，忘记是非恩怨，忘记痛苦伤害，敞开心胸，生活才会充满美丽的色彩。

3. 宽容是懂得如何爱

人的一生很漫长，没有人可以保证自己幸福快乐一辈子，总会遇到不如意的事情。那些懂得如何去爱的女性，一定是自我调节能力强的人，她们总能在春风化雨的爱中学会宽容，播下幸福快乐的种子，这样生活才会越过越好。也就是说，宽容其实是一种爱的能力，是我们每个人所必须拥有的。有了爱，我们才能获得更多的机会与帮助，才能与这个世界友好相处，才能更好地接纳别人、善待自己，这也是女性谋求幸福的必经之路。所以，做到像水一样宽容，就要学会爱身边的一切，包括自己、朋友、家人、生活，以及整个世界，这样的宽容才会给我们带来鸟语花香的美好，让女性朋友在爱的温暖与炽热中，痛苦越来越少，朋友越来越多，快乐越来越多。

把妒忌转化为成长的动力

一个人遇到了上帝，上帝告诉他，可以满足他的任何一个愿望，但前提是他最好的朋友会得到双倍的回报。那人一听，刚开始非常开心，心想：如果我得到一箱金银珠宝，那么我最好的朋友就会得到两箱金银珠宝；如果我得到一个漂亮的美女，那么我最好的朋友就会得到两个美女，要知道他可是个光棍；如果我得到一幢别墅，那么我最好的朋友就会得到两幢别墅。想到这里，他为难了，因为他不想让自己最好的朋友比他得到的更多。最后，没有办法，他对上帝说，你挖掉我一只眼珠吧，那么我最好的朋友就得失去两只眼珠。

看完这个故事，我感觉太可悲了。难怪哲学家培根认为，妒忌是一个恶魔，总是在暗暗地、悄悄地毁掉人间的好东西。而且现代医学研究表明，大脑与人体免疫系统有着非常密切的联系，妒忌可以引起大脑皮层功能的严重紊乱，引起人体免疫功能下降，直接导致人体的胸腺、脾、淋巴腺和骨髓的功能下降，从而造成人体内免疫球蛋白和细胞的生成数量减少，降低机体抵抗力。由此可见，妒忌除了会对精神进行摧残外，还会对身体造成伤害。

我们都听过《灰姑娘》的故事，美丽善良的灰姑娘因为亲生母亲的去世，受到了继母及异母姐姐们的妒忌和虐待。但是，会魔法的仙女救了她，给了她水晶鞋和南瓜马车，让她顺利得到了王子的爱，从此过上了幸福美好的生活。而她的两个异母姐姐因为妒忌她而双目失明。所以，莎士比亚才会提醒人们：要留心妒忌啊，那是一个绿眼的妖魔！谁做了它的牺牲品，谁就要受它的玩弄。此外，在基督教里，七大罪恶之一就是妒忌，后患无穷，不仅令人丧失健康，还影响人的心理，在让人备受折磨的同时，也让别人疏远你。那么，女性如何才能解除妒忌呢？

1. 解除妒忌，就要强大自己

女性要明白一个道理，妒忌的根本原因并不是你忌妒的对象如何完美、如何优秀、如何不可超越，而是你不自信，感觉自己在某些方面不如人家。所以，解除忌妒，就要强大自己，把时间和精力投入自己擅长的工作和事情当中，从中获得自信与成就，这样就可以让自己远离忌妒，相信自己的力量，从而感受到前所未有的轻松。

2. 解除妒忌，就要自尊自信

一个自尊自信的女人是不会去做妒忌这种无聊透顶的事情的。所以，女性一定要建立自己的自尊自信，培养豁达的胸怀，知道"人外有人，天外有天"的道理，从而更加专注于自己的成长。可以积极参加一些有益的培训和学习，提升自己的能力，让自己真正地忙碌和充实起来，从而缓解心理上的种种不平，也就不会再去妒忌别人了。此外，在自尊自信的同时也要有一颗平常心，人无完人，谁都有不如人的地方，当你感觉别人比自己强的时候，应该多向别人取经和学习，这才是正确的做法。

3. 解除妒忌，就要寻找动力

把妒忌心变成一种努力前进的动力，也是解除妒忌的好办法，可以把消极化为积极，让自己活得多姿多彩。而当你做到了这一点之后，就会发现自己变成了一个积极而有正能量的人，更具有魅力。事实上，妒忌有时候非常可笑和愚蠢，就像一则笑话说的那样，有一群鸡在院子里吃食，突然，隔壁飞过来一只乒乓球，一只母鸡看到后，飞快地跑过去查看，她研究了半天后对别的母鸡说：女士们，不是我打击大家的信心，但是请你们好好看看，人家隔壁母亲们的作品太完美了。由此可见，妒忌多么引人发笑。

高傲，但绝不傲慢

一位男士在讲述自己为什么会选择现在的妻子时说，他的个人条件，无论是家庭、工作还是容貌都不错，但她当时条件非常普通，没工作、没学历，颜值也不行，还不是本地人。但是，当时他就喜欢和她在一起，觉得她很阳光，对他非常宽容。当时也有人给他介绍对象，对方条件也非常好，但他总觉得这些女孩子要么冷若冰霜，要么高高在上，要么自以为是，他和她们一点也聊不来。

最后，他还是选择了现任妻子。虽然在某些条件上，她无法与别的女孩子相提并论，但他很清楚自己想要的是什么样的伴侣。虽然他也喜欢美女，但过日子，他还是喜欢有烟火气的女孩子。有些美女虽然条件好，但是也容易因此变得傲慢，这在婚姻中是一个十分危险的因素，很可能让她变得蛮不讲理和冷若冰霜。

有一位两性关系研究专家说过，事实上，很多男性在选择终身伴侣的时候，并不是特别看重对方的能力，更多地看重不傲慢、可以让他们的虚荣心得到满足的女性。所以，他们认为娶比自己条件优越的女性并不是特别明智，因为那样的女性不会欣赏自己，得不到重视，男人就找不到存在感，早晚有一天会承受不了。

在《人性的弱点》一书中，戴尔·卡耐基做过一个实验：一位未婚的成功女性在跟男人约会的时候，总是高谈阔论，摆出一副无所不能的架势，饭后还要坚持买单，这会给男人很大的压力，让他找不到一点存在感。相反，一位没有受过高等教育的女性在跟男人约会的时候，全程很少发表自己的见解，只是用崇拜的神情注视着男人，男人处于完全放松的状态，可以无所顾忌地吹牛，满足他的虚荣心，他感受不到一点压力，而这样的女性更容易收获爱情。从这个实验中我们可以看出傲慢与不傲慢的女人在爱情中的区别。

与此同时，女性还要注意到，傲慢是有风险的。一种风险是傲慢会让女性无知，过分相信自己的能力，排斥不同的声音和观点，错失了解更多可能性的机会，从而让女性显得目光狭隘短浅。另一种风险是傲慢会让女性产生偏见。因为傲慢，喜欢直接下结论，随意根据自己的直觉给别人贴标签，进而把自己的判断当作唯一的标准，从而让自己充满了偏见。

1. 不目空一切

如果一个女性总是自高自大，无论是在工作中还是在生活中，都把自己当作中心，只能听到自己的声音，对于别人的声音一点也听不进去，则是非常危险的。比如在两性关系中，不是看不上男人的这个方面，就是觉得男人配不上自己，就连男人多看她一眼也不行，一脸的嫌弃，摆出一副高高在上、不食人间烟火的姿态，从不尊重对方的感受，不考虑对方的想法。这样目空一切的傲慢女性是不会有好的人际关系的，也不会经营出好的爱情和婚姻，只会令人望而却步。

真正聪明的女性从不表现出一丝的傲慢，她在与人交往的过程中，即便自己很优秀，也会时刻保持谦卑，懂得尊重别人，顾及别人的感受，维护别人的自尊心，眼里有别人，只有这样，才能收获美好的生活和感情。

2. 不自以为是

在我们的身边，不乏自以为是的女性。女性如果自以为是，就会把自己的观点和想法强加于人，完全忽略别人的意见和感受。更有一些自以为是的女性喜欢用道德绑架别人，逼迫别人接受自己的观点。比如

美丽是一场修行

一些傲慢的女性在自己的丈夫面前非常强势，逼迫丈夫按照自己的方式生活，逼迫丈夫接受自己的观点，不把丈夫放在眼里，让男人苦不堪言。

聪明的女性不会目空一切，她们在与人交往的过程中，懂得换位思考，能够站在对方的角度为别人着想，体会别人的感受，迁就对方，给人留下善解人意、明事理的印象，从而轻松赢得别人的好感。

从不抱怨，学会闭嘴

杨绛生病住院，钱钟书一个人在家，有一天他告诉杨绛自己不小心把墨水瓶打翻了，把房东家的桌面给弄脏了。杨绛没有怪钱钟书不小心，而是安慰他没关系，等她病好了回家洗一洗。后来，钱钟书又告诉杨绛自己把书房的门和台灯弄坏了，杨绛还是没有生气，告诉他以后小心，她病好后会找人来修，并没有抱怨丈夫笨手笨脚。所以，杨绛在钱钟书眼中总是那个能够时刻给予他宽容和安慰的妻子，从来没听杨绛说过一句，认为自己看错了人，嫁了一个没有生活自理能力的人，而是无条件地支持他的写作。正因为不抱怨，杨绛与钱钟书生活得非常幸福。

有人说，女人幸福的最大公敌就是抱怨。一个整天抱怨的女人，不仅会让事情越来越糟，还会产生越来越多的消极情绪。所以，抱怨是最无用的。

首先，抱怨会让自己焦虑和烦躁。在工作和生活中，每个人总会遇到不顺心的事情，产生磕磕碰碰都再正常不过了，关键在于你如何对待、如何处理。有的女人虽然表面上扛下了所有，但心里却始终窝着一团火，最终演变成了抱怨。

其次，抱怨会让自己陷入负面情绪无法自拔。对于有些人来说，抱怨就像病毒，被感染的人会变得烦躁不安，对任何人和事会表现出极大的不耐烦，以至于影响到为人处世，让事情变得复杂，让关系受到伤害，且无法修复。

最后，抱怨会影响身边人的心情。一个整天抱怨的人，走到哪儿都不受人欢迎，因为别人的心情也会被其散发出来的负能量所影响，让家庭关系变得冷冰冰，让朋友关系变得斤斤计较，让同事关系变得针锋相对。

对于女性来说，与其抱怨，不如闭嘴，积极面对，始终保持阳光的心态，才更容易把握住幸福。正如一本书中说的那样，不抱怨的人必然是一个快乐的人，他的世界是令人向往的。所以，作为一名想要幸福的女性，千万注意不要陷入抱怨的泥潭，而要做一个阳光的女性，活出一个自信的自我,这才是一种难得的惬意与自在。那么,如何才能做到不抱怨呢?

1. 遇事不抱怨,要学会调整情绪

只有控制自己的情绪,才能控制自己的幸福。有的人虽然生活平淡,但是没病没灾;虽然不是大富大贵,但是过得幸福美满。有的人虽然生活富足,有豪车,有豪宅,但精神无所寄托,感受不到幸福。所以,人要学会知足,遇到不顺心的事情,要学会调整情绪,管理负面情绪,学会不抱怨。这样才能静下心来,看清自己的内心,分清生活的轻重,才能真正把握人生,好好珍惜自己拥有的一切。

2. 遇事不抱怨,遇事不急躁

遇事不急躁,才能看清自己真正的需求,找到最好的解决方式。一个人如果心情浮躁,就不能认真地思考问题,就会慢慢在浮躁中失去自我。一个性情不急躁的女人,能够快速看透事物的本质,找到最精准的答案,自然不会去抱怨。拥有这种能力的女人,虽然表面平静,但内心通透。很多女性看起来聪明伶俐,但做什么都很急躁,走马观花,不够深入,自然也不会有什么深刻的认知和思想,遇事不能很好地处理。

3. 遇事不抱怨,积极寻找解决方法

遇事积极寻找解决方法,可以很好地避免抱怨,而用行动来说话,显得更有实力。在美国，一位年轻的女士发现用陈旧的方法寄送信件效率非常低，以至于很多信件被耽误在路上，用户对这种现状非常不满。但是，这位年轻的女士没有加入抱怨的队伍，而是想办法来改变这一现状。后来，她发明了一种把信件集合寄送的方法，极大地提高了信件的邮寄速度。因为这个小发明，她很快引起了公司高层的注意，后来得到了提拔。

在这里我们可以看出，有些不好的事情和问题带来的不一定就是烦恼和麻烦，如果能够找出更好的解决方法，则也可以成为一种改变和表现自我能力的契机。所以，遇事积极寻找有效的解决方法，不仅事情可以得到更好的解决，还可以不给别人留下喜欢抱怨的坏印象。

聆听是个好习惯

迪娜是一个喜欢被人倾听的人。曾经有一段时间，她认为生活中处处都是无法解决的问题，自己一直盘旋于痛苦中，觉得自己没有价值，处于绝望中。比较幸运的是，这时候她都找到了一些可以倾听的人，这些人把她从混乱不堪的感情中拯救出来。而这些人仅仅倾听，不会对她做出任何评价、判断、表扬或者评估，这让她感觉自己的压力纾解了很多，原先的恐惧、内疚、绝望、迷惑等情绪都消失不见了。所以，迪娜特别感谢这种带有体贴、同情和关怀的倾听。

戴尔·卡耐基说过，如果你想很好地和别人沟通，就要先做一个善于倾听的人。但很多女性很容易忽视这一点，她们更喜欢倾诉，喜欢谈论自己，喜欢"说"和"表达"，所以总是给人滔滔不绝、喋喋不休的印象，没有任何社交魅力，永远不懂得倾听的重要性。

我们存在于这个世界上，每个人都不是孤岛，都渴望被倾听。因为只有在人与人的沟通和交流中，人们才能获得释放、智慧、希望，以及一切美好的东西。而倾听作为沟通和交流中的一个关键环节，至关重要。事实上，每个人都喜欢被人倾听，这会让他们找到心灵的港湾，找到情绪释放的空间，会在自己满腹牢骚、受委屈、被误解、迷茫和孤独时感受到被理解、被尊重，收获温暖，重拾信心。

此外，很多女性越来越固执，不懂得倾听也是一个非常重要的原因。她们在沟通中，关注点始终在自己的身上。比如，当别人来搭话时，有的女性就想要分享一下昨天晚上在酒吧里的见闻，或者对方会不会注意到自己穿了漂亮的新裙子，等等，总是围绕自己找话题。聪明的女人都是善于倾听的智者，她们不一定能说会道，但因为懂得倾听，其交际水平和能力也非常出色。

一位心理学家说过，一个男人的妻子所能做的一件最重要的事情就是让她的先生把他在办公室里无法发泄的苦恼都说给她听。从这句话中我们可以看出，被心理学家和男人们认可的妻子被授予了"防哭墙""安定剂""共鸣器""加油站"的称号，因为她们懂得主动、灵活和无处不在地倾听，而不是一味地劝告和建议。

事实上，任何一个有过工作经历的人都能体会到，在结束一天的工作之后，如果有一个人可以听自己聊聊一天之中发生的事情，不管是好的事情，还是坏的事情，都是令人欣慰的。因为有些话只能在离开办公室或厂房之后说，说完之后心里会轻松很多。那么，在平时的工作和生活中，女性到底要倾听什么，才能避免把话题集中在自己身上呢？

首先，要倾听对方说话的语气。比如，对方说话的内容清晰吗？是轻松还是严肃？是明确还是含糊？语气里是坚定还是软弱？其次，要倾听对方的身体语言。对方在说话的时候是什么姿势？身心是否一致？是放松还是紧张？再次，要倾听对方的信念。倾听对方话语后有什么信念，信念是否强烈，与自己的信念是否一致。最后，要倾听对方的情绪和感觉。倾听对方的情绪稳不稳定、强不强烈等。

每个人从呱呱坠地开始，就需要父母的倾听，通过牙牙学语来满足我们的生理需求。长大后，我们需要朋友、爱人和工作伙伴的倾听，获得理解和支持。在工作中，我们拼尽全力，也是为了掌握更多的话语权，让更多的人听到我们的声音。在寻找伴侣时，我们千挑万选，寻找的也是一个有说不完话题的人。可以说，对于倾听的需求是让我们一生幸福的秘诀。所以，一个把倾听当作习惯的女性，总是能够用自己的行动带给身边的人无声的安慰、鼓励和支持。人世间最美好的幸福，除了实现自己遥远的梦想，拥有财富与名望之外，还有一种是被倾听。

修炼智慧，从容驾驭人生

人活一世，总会遇到一些挑战和羁绊，只有妥善处理，才能过上美好幸福的生活，从容面对人生路上的高峰。对于一个女人来说，只有具备一定的智慧，才能享受到岁月静好，过上有人疼、有人爱的日子，不失浪漫与爱情。

装傻充愣经营爱情

月月和小金虽然新婚不久，但是家里的战争从来没有停止过，三天一大吵，两天一小吵，日子过得不安宁。因为月月和小金都是比较"精明"的、喜欢算计的人，都觉得对方的付出太少。这一天是两人的结婚纪念日，但是月月发现小金送给自己的包竟然是假的，她认为这是丈夫不重视自己的表现，就连结婚纪念日也要敷衍，越想越生气，

▶ 美丽是一场修行

和小金大吵了起来。但小金也一肚子委屈，他认为月月贪图小便宜，虽然给自己买了一部手机，但是这部手机款式老旧，已经停产了，他觉得自己吃了亏。于是一场争吵就不可避免地爆发了，结婚纪念日也变成了算账日，最终两人以离婚收场。

人们常说，结婚前要把眼睛睁得大一点，结婚后就要选择睁一只眼闭一只眼。这其实就是装傻充愣，就是你心里非常清楚，但你就是不说破，别人还以为你不知道，这是一种高情商的表现。所以，对于女性来说，装傻充愣其实是一种境界，那种明了一切却只字不言的样子最具有吸引力。

她们认为，把"婚"字拆开，就是"女"和"昏"，意思就是在婚姻中，女人还是要糊涂一点。适当地装傻充愣更像给婚姻套上了防护服，可以让爱情细水长流、长长久久，聪明的女人都知道这个法宝。

1. 装傻充愣的女人更有女人味

无论对方做什么，你都要想一想他为什么这么做，如此双方都会感觉特别累。懂得装傻充愣的女人从来不过分敏感，该知道就知道，不该知道就选择不知道。就像古人说的，"难得糊涂"。

丽娜的生日被丈夫忘记了，但丽娜并没有表现出什么异样，也没有兴师问罪，而是问丈夫是不是应该送自己一件礼物，非常委婉地提醒了丈夫。丈夫若有所思，终于想到自己忘记了丽娜的生日，赶忙解释最近太忙了，还好丽娜提醒了一下自己，自己一定要补上。于是，丈夫当天回来的时候，给丽娜买了一套她一直想要的高档化妆品，丽娜开心极了。其实，从丽娜身上我们可以看出，在爱情中，真正具有掌控力的都是装傻充愣的一方，因为她知道有些事情说破了，反而会影响爱情的和谐，只要不是原则性的问题，就假装一切如常，避免双方发生激烈的交锋，给彼此的心灵造成不可挽回的伤害，而这就是高情商的表现。

2. 装傻充愣的女人懂得以退为进

装傻充愣并不是真的傻、真的愣，而是一种手段和策略，知道以退为进，给对方留一个面子。就像男人带女人出去吃饭的时候，聪明智慧的女人一定会把自家的男人捧得高高的，虽然男人在家里的地位不一定像女人说的那么高，而女人这么做就是为了给足男人面子。著名的影视明星孙俪在这一点上做得非常好，她在任何公众场合都强调邓超的家庭地位很"高"，是绝对的一家之主。但要注意，一定要把握好度，如果一味地装傻充愣，那就是真的傻、真的愣了。比如一对情侣吵架了，因为男人看到前女友出了一点事情，便跑去安慰人家。他们身边的朋友在知道这件事情后，纷纷为这个女孩打抱不平。但这个女孩却说：我相信他，他的心里是有我的。事实上，这个男人做得很过分，不只去看了前女友，还和前女友住在了一起。这个女孩知道后，还是什么也不说，只是装傻充愣。最后，男人索性和她提出了分手，这时候她才知道一切都晚了，只能终日以泪洗面。

3. 装傻充愣的女人不会太强势

装傻充愣的女人并不是那种强势的女人，她很独立，总有自己的见解，但不会表现出咄咄逼人的样子，装傻充愣只是一种手段和方法，只会用在缓和问题和矛盾的时候。

一对恋人在结婚之后，女人突然来了一个一百八十度的大转弯，每天把自己打扮得大方漂亮，把孩子也照顾得很好，在外边也表现得贤妻良母一般。很多人以为她一定是因为害怕自己的丈夫，才会表现得这么顺从，殊不知这个女人原来是公司的高管，能够独当一面，而她深深懂得女人不能太强势的道理，所以才让自己尽可能表现得很温柔，这才是她保持婚姻美满的秘密武器。

不八卦，不揭短，不探秘

听到"八卦"两个字，很多人的脑海中马上会浮现一幅画面：一群女人围在一起，低声或高声议论着别人的隐私，时不时地发出心照不宣的笑声。事实上，很多女性都是喜欢八卦的，但我不喜欢八卦，感觉会丢了风度和魅力。八卦或许可以暂时缓和社交氛围，促进人际关系的亲密，但是也会带来一些严重的负面影响。比如，你和同事在无意间说的每一句话都可能像野火一样传播到整个公司。这时候，不管八卦内容的真假，这种行为已经让大家对你失去了信任，还会因此把你看低。所以，能不八卦就不八卦，对别人少一些不负责任的评价，善意的表现永远不会让你栽跟头。那么，如何才能不陷入八卦的旋涡呢？

1. 学会让自己闭嘴

不管是什么形式的八卦，肯定是需要自己参与其中的。那么，要做到不八卦、不揭短、不探秘，就先闭上自己的嘴巴，不要看到大家围在一起，什么话题自己都去跟风。如果是与工作相关的，则可以大方说出自己的想法，听听别人的意见和建议，并虚心接受。如果是与工作无关的，那么不管是什么八卦，都要先管住自己的嘴。如果别人主动请你参与，那么找一个理由敷衍一下快速离开就好。有一位女士，每天上班后就到处走走，看看有什么新鲜事，好和大家一起议论。比如，谁还没有到岗，谁让老总批评了，最近谁的家里发生了什么事，等等。刚开始，公司的同事还可以礼貌性地应付；但时间久了，人们发现关于公司的一些不好的传闻都是从她嘴里传播出去的，就渐渐远离了她，再也不想和她多说一句话。

2. 不随便分享自己的隐私

任何的亲密关系，都不要拿自己的隐私作为交换条件，否则你的隐私就会一个接一个地传播到别人的耳朵里，最后隐私变成了公开的秘密。比如你的个人薪水、家庭情况、感情状况、个人身体情况等，还有一些别人不愿意公开的信息，统统不要轻易分享。特别是，如果对方和自己在一家公司里工作，更要慎之又慎，否则到时候后悔都来不及。

因为人性就是见不得别人比自己好。当你知道有人比自己赚得多、拥有得多时，就会妒忌，甚至会掠夺过来，这对任何人来说都是灾难。在电视剧《欢乐颂》中，当樊胜美的家人知道她可以赚很多钱之后，就开始逼着她给自己的哥哥买房、买车，对其进行道德绑架，而不是体谅她工作的不容易。亲情都是如此，友情更是如此。所以，有时候，不和别人分享自己的隐私，不只是一种智慧的表现，也是对自己的一种保护。

3. 少看娱乐八卦新闻

平时可以多看看国家政策、时事新闻之类的信息，少看娱乐八卦类的信息，这样的八卦大多是一些没有任何意义的内容，我们从中获取不到任何有用的信息。现在娱乐圈的事有时比科技、军事、体育、法制、国家大事都热门，明星们的服饰、恋爱、婚姻等都可以登上新闻头条，也因此让很多普通人沉迷于娱乐八卦中，不思进取。这是一种不好的社会现象，对此我们要有一个清醒的认知，不能随波逐流、人云亦云。

4. 少说话，多做事

在工作中，要让自己忙碌起来，少说话，多做事。只有这样，才不会有太多的时间参与和发起八卦。此外，公司招人就是为了做事，就是好好工作。工作结束后，和同事一起聊聊天是一种乐趣；但在工作中，这绝对不是理智的选择。而且，除了同事和领导的私事，下至市井小人，上至国家大事，都可以谈。你不知道别人会把你的话传到什么地方、传给什么人，你的话会变成什么样子，所以，工作中的事，摆在桌面上说；生活中的事，绝对不随意品头论足。

腹有诗书气自华

杨绛出身于书香门第，父亲曾经在日本留学，后来成了知名的大律师，而且还做过高等审判庭庭长，对杨绛非常宠爱。受父亲的影响，杨绛从小就饱读诗书。有一天，父亲问杨绛：你三天不看书，会如何呢？杨绛回答道：不舒服。父亲又问：那如果是一个星期呢？杨绛回答道：觉得一个星期都白活了。可见，杨绛把读书看得比吃饭、睡觉都重要。

▶▶ 美丽是一场修行

　　现代社会，人们的工作压力很大，生活节奏也很快，部分女性不再像杨绛先生那样能够静下心来，好好读一本书，有点时间也被用来刷手机，或者追剧，关注各种花边新闻……她们总觉得把时间花在读书上并没有什么用处。

　　我认识一对"神仙伴侣"，两个人的关系像夫妻，像情人，又像朋友，携手走过了60多年，令人羡慕不已。在这个浮躁的社会里，很多人觉得婚姻太不容易经营，而他们却把日子过成了诗。他们志同道合，爱书成癖，说嗜书如命一点也不为过。读书成为把两个人紧紧联系在一起的纽带，同时也成就了他们各自独特的风骨。他们不认为读书是为了拿文凭或发财，而是成为一个有温度、有情趣、会思考的人。

　　为什么很多女性在生活和工作中总是感到迷茫？因为她们不能冷静下来思考，认不清自己，也认不清自己的处境和现状，不知道自己真正想要的是什么。而喜欢读书的女性，翻开书就等于去串门了，可以找到比自己更高明的人聊天，和另一个自己进行灵魂的交流，知道什么是自己应该做的、什么是自己应该远离的。

1. 读书可以让女性更加聪明睿智

　　封建社会对女子的要求是"无才便是德"，因为读了书的女人知道得太多，容易想得太多，不好管理和驯服。而在当今时代，男女平等，女性通过读书可以实现灵魂的升华，可以在社会中和男人享有同等的地位，可以撑起半边天。她们不再甘于相夫教子、围着锅台转了，反而希望走出家庭，实现自我价值，变得更加聪明睿智。正如臧克家所说，读了一本好书，像交了一个益友。也就是说，通过读书给一个人带来的改变是难以估量的。

董卿因为主持《中国诗词大会》和《朗读者》两档节目，给人们留下了深刻的印象，人们纷纷被她的知性与博学折服。而她之所以能够在舞台上如此优雅自信，离不开自己几十年如一日的阅读。她有一个雷打不动的习惯，每天睡觉前都会进行一个小时的阅读。在她的卧室里没有任何娱乐设施，常见的电视机、手机和任何电子产品都没有，只有书。通常，她读一会儿书，就安安静静地睡觉了。

2. 读书可以让女性开阔视野、增长见识

读书不但可以开阔视野、增长见识，丰富自己的心灵世界，还可以改变人的气质。就像三毛说的那样，书读多了，容颜自然改变。很多时候，自己可能以为许多看过的书籍都成了过眼云烟，不复记忆，其实它们仍然存在于气质里、谈吐上，当然也可能显露在生活和文字中。由此可见，无论是杨绛、董卿还是三毛，她们都从书中收获了一个更好的自己，一方面可以提升知识与修养，另一方面可以让自己成为一个灵魂有香气的女子。

美国作家玛格丽特·米切尔所著的《飘》是一部以美国南北战争为背景的故事。书中的主人公斯佳丽对待人生的态度，以及对感情的需求，其实是很多女性一生的真实写照。斯佳丽所经历的一切能够让广大女性冷静下来反思自己的人生，重新审视自己的感情、生活和追求。很多女性通过读这本书发现，感情并不是人生的唯一，生命中还有许多值得去做的事，而这就是读书可以让女性开阔视野、增长见识的生动体现。

与人为善，懂得收敛锋芒

有一天，一位村妇看到自己家门口来了三位衣衫褴褛的老人，一时善心大发，邀请三位老人到家里坐坐，给他们弄点吃的。但三位老人却说他们不能一起进屋，只能让一个人进去，因为他们分别叫成功、财富和善良。村妇想了想，就把善良老人请进了屋里，因为她觉得成功和财富都可以照顾自己，但善良这位老人除了善良一无所有。于是，善良老人跟着村妇进了屋，但另外两个老人也跟着进去了。村妇很不解，问他们为什么跟着善良老人进来了，不是说三个人不能一起进屋吗？这两位老人说，善良是他们的兄长，他在哪里，他们两个就跟到哪里，哪里有善良，哪里就有成功和财富。

从这个小故事中，我们看到了与人为善的重要性，它是我国传统伦理道德范畴的基础，具体表现就是有善行和善举，是人们所做的符合道德要求和有益结果的言行。

心理学家尹建莉说:"善良的人才是和世界摩擦最小的人,才容易成为幸福的人;在心态上不苛刻的孩子,长大后他的处事态度会更自如,人际关系会更和谐,会获得更多的帮助和机会。"也就是说,一个人在社会生活中与人为善,人际关系就融洽,自身的号召力、亲和力就强。作为新时代的女性,要真正学会与人为善并不是一件简单的事情,需要我们懂得收敛锋芒,提高个人修养,历练人格,待人厚道,心灵质朴,从而获得人们真正的友爱。如何才能做到与人为善呢?

1. 与人为善是将心比心

我们去旅游或出差,难免要乘坐交通工具,比如公共汽车、地铁、巴士、飞机等,在人多的时候会出现拥挤的场面,人们会有烦躁和不耐烦的情绪产生,如果再有个别人有推搡和插队的行为,则更会令人厌烦。此时,如果能静下心来将心比心,想到大家都不愿意拥挤,不如放平心态,把这种情况当作一次散步,不管过程如何,只要安全到达目的地就可以了,那么心情很快就可以平复下来,可以从容面对这种情况。这种将心比心是对别人无意过错的一种宽容,也是"己所不欲,勿施于人"的自我约束。所以,在漫长的人生路上,女性在与人相处的时候,将心比心才能与人为善,这样我们的心才会变得更加包容,人生之路才会越走越宽。

2. 与人为善是有福报的

赠人玫瑰，手有余香。密歇根大学通过对423名上了年纪的夫妇长达五年的研究发现，给予他人物质上的帮助，能使这些夫妇的致死率降低42%；给予他人精神上的支持，也能使这些夫妇的致死率降低30%。可见，与人为善是有福报的。

有一个穷困大学生，经常利用假期外出打工，赚取生活费和学费。有一次，她推的三轮车不小心撞上了停在路边的豪车。当时豪车车主并不在车上，她着急去上班，只好手写了一封道歉信，并把300多元钱和道歉信放在了豪车的门把手上。后来，豪车车主想办法找到了她，不但没有责怪她，反而把300多元钱还给了她，还出钱资助她上大学。这个贫困女孩无疑是幸运的，但她的幸运也是因为她的与人为善才获得的，她和豪车车主都是与人为善的人，是善良让他们谱写了如此动人的正能量故事。所以，善良是打开快乐与幸福之门的钥匙，可以给人带来绵绵不绝的福报。

需要注意的是，凡事皆有度，善良亦是。与人为善必须是有原则的善良，这才是真正的善良。而没有原则的善良是愚蠢和对自己的不负责任，很容易让自己陷入被动。

吃点小亏更显修养

有一家出版社，每天的业务都很忙，但领导为了节省成本，没有雇用新的职员。所以，编辑部的人每天忙完自己的业务之后，还要去别的部门帮忙，大家都很疲备，慢慢就有了情绪。罗琳却觉得没什么，没有像大家一样去抗议，而是一如既往去别的部门帮忙。在分销部门帮忙运送和打包书籍，到了设计部还要帮忙设计封面、参与改稿等工作，有时候还要去印刷厂审查纸张和进度等。在这个过程中，罗琳渐渐熟悉了书籍整个出版流程，她的勤奋也赢得了领导的赏识，常常教给她很多出版方面的常识，委派更多的任务让她去完成。但领导并没有给她涨工资。别人建议罗琳提要求或者跳槽，但都被她一笑了之。

几年后，罗琳离开了出版社，转身就成立了自己的图书分销公司，因为她对图书编辑、印刷、销售等工作都很熟悉，一点弯路也没走，公司的业务很快就红红火火起来。原来，当别人觉得她吃亏的时候，她却有自己的想法，目光长远，所以才敢于吃亏，不斤斤计较。

你有什么样的选择，就会有什么样的人生，人生就是结果的呈现。

在日常的工作和生活中，我们不可避免地要与人打交道，在这个过程中就会出现"吃亏"和"占便宜"两种情况。那些处处想占便宜的人，最终只会吃大亏；而那些选择主动吃亏的人，反而得到的越来越多。可见，吃点小亏也是一种做人的格局。

李嘉诚是一个非常成功的商人，人人都想成为李嘉诚，人人都羡慕他，感觉他无论做什么生意都会成功，大家都认为李嘉诚做生意一定有秘诀。后来，李嘉诚把这个秘诀告诉了大家：只有与人广泛合作才能赚到钱，但广泛合作有一个前提，那就是敢于吃亏，让别人从中受益。例如，他在与别人合作的时候，明明可以拿一半的分成，但他只拿四分，给别人留六分。虽然表面上李嘉诚吃了亏，但是与他合作的人会很高兴，认为李嘉诚比较厚道，更愿意与他合作，这样李嘉诚的生意才会越做越大。

从这个案例中我们可以看出，吃亏不一定是坏事。相反，从长远来看，在短期之内吃点小亏，往往可以获得更多的回报。这就是"吃亏是福"的道理所在。如果女性朋友们能够经常这样想一想，就不会再害怕自己吃亏了。

事实上，在我们的生活中经常会面临吃亏的情况，比如无端地被陌生的路人撞了一下，开车的时候被前面的车挡住了去路，排队的时候被人插了队等。在这种时候，要不要吃亏呢？当然是要吃的，因为这些都是小亏，可以不予计较。如果你不甘心吃亏，就一定会有所行动,但结果会怎么样呢?不是大吵一架,就是闹得不可开交。也许你会占得上风,但是你又能得到什么?不仅好心情被影响了,还让自己大动肝火,得不偿失。所以,有时候要能吃点眼前的小亏,做人大度一些,眼光长远一些,就不会被一些小得失困扰,自然也不会在意自己有没有吃亏这件事情。就怕你凡事都较真儿,总想着不吃亏而去占便宜,丢了风度,也失了修养。

好比两个人走在狭窄的小路上,只有为他人留一点余地,才能让两个人都顺利通过。如果两个人都不懂得让步,认为让步就是吃亏,那么两个人都有跌入深谷的可能。在这种情况下,自己先停止前进,让对方先过,才是最好的选择。所以,除了原则问题必须坚持外,对于一些无关痛痒的小事,只有互相谦让才会带来令人满意的结果。

正如蔡崇达在《皮囊》中所说:或许能真实地抵达这个世界的,能确切地抵达梦想的,不是不顾一切投入想象的热潮,而是务实、谦卑的,甚至是你自己都看不起的可怜的隐忍。所以,千万不要小看那些敢于吃亏的人,敢于吃亏并不是一件蠢事,而是一种大智慧,它是所有女性成长的必经之路。

下篇

风情万种,美丽外在千娇百媚

呵护健康，美丽会写在脸上

对于女人来说，健康才是美丽的根源。如果没有健康的身体，即便再美丽，也禁不住疾病的摧残，令女人一直在病痛中挣扎。所以，女人要做好自己的健康保护，因为健康是美丽的前提，是工作的基础，是幸福的前提，精力充沛的女人才最赏心悦目。

亚健康是美丽的杀手

随着社会和时代的不断发展，女性已经成为中流砥柱，变得越发独立能干，尽最大能力兼顾家庭与事业。在我们的身边有太多优秀的女性，在快节奏的工作和生活中变身忙碌达人，白天踩着高跟鞋穿梭于职场之中，扮演着职场精英的角色，毫不逊色于男人；下班后，脱掉高跟鞋，系上围裙，又成为家务能手，忙里忙外；还要抽空带孩子，辅导孩子写作业，每天都感觉时间不够用，很少有心情给自己放个假，休闲娱乐一下，就恨没有三头六臂，能够更好地兼顾工作与生活。在这种高压状态之下，健康被这些女性抛在了脑后，久而久之，她们忘记了忙碌只是为了让生活更美好，让自己更幸福，结果却适得其反。很多女性长期精神紧张，很容易进入亚健康状态。主要原因有如下几点。

1. 缺乏运动锻炼

大多数女性没有时间锻炼身体，平时几乎不做运动，身体机能退化，很容易造成疲劳、眩晕等现象，甚至会引发心脑血管疾病和肥胖。

2. 睡眠时间不足

有超过 60% 的女性遇到了睡眠障碍问题，不能保证每天 8 小时的睡眠时间，经常性失眠，严重影响第二天的精神状态。

3. 长期使用手机和电脑

女性在职场中已经撑起了半边天，工作离不开手机和电脑，有的女性甚至每天使用电脑的时间超过了 8 小时，从而带来一系列的健康问题。

4. 经常不吃早餐

工作和生活节奏的加快，迫使很多人一起床就投入工作，一顿营养的早餐就成了奢望，很少能够有规律、按营养要求去吃早餐，给健康带来了很多隐患。

5. 长期使用空调

现如今，80%的女性一年四季离不开空调，抵抗能力严重下降，常常禁不起风吹雨打，变得十分容易生病。

女性的亚健康状态会有很多表现，包括精神和身体两个方面，主要表现为以下四个方面。

①记忆力下降

当出现亚健康状态时，女性会感觉自己很容易忘事，无法集中注意力，做事情经常走神。

②思维缓慢迟钝

在与人沟通和交流的时候，处于亚健康状态的女性会发现自己的大脑经常短路，说了上句，想不起下句，总感觉慢了半拍，思维能力和反应速度都不如从前。

③一直有不良情绪

处于亚健康状态的女性经常会感觉心烦，心里窝着一团火，随时都有可能爆发出来。如果不注意调整，则有可能进一步恶化，引发抑郁症、焦虑症等心理疾病。

④缺乏足够的安全感

处于亚健康状态的女性会变得越来越不自信，总是杞人忧天，对未来充满担忧，喜欢一个人独来独往，不喜欢热闹，讨厌社交，喜欢把自己封闭起来。

一般地，处于亚健康状态的女性只要做好以下五件事情，就可以有效改善和缓解自己的亚健康状态。

第一件事：养成规律的饮食习惯。一日三餐如果不规律，则很容易患病，影响一整天的工作状态。所以，女性要养成规律的饮食习惯，保证科学营养搭配，注重增加蛋白质类食物的摄入，减少零食的摄入，少吃垃圾食品，少点外卖，这样才能有效地改善亚健康状态。

第二件事：合理安排工作。善于安排工作时间，先分出轻重缓急，再逐个完成，可以有效提升工作效率，减轻心理压力，增强个人成就感。

第三件事：保持心理健康。有些女性面对工作上的压力容易出现一些心理上的问题，有时她们会刻意回避这些问题。其实，她们完全可以寻求心理咨询师的帮助，通过心理咨询师的疏导来释放工作中的压力。压力累积到一定程度，人的精神状况也容易出现问题，严重时需要借助药物才能治疗。所以，女性应该正视自己的心理问题，并及早解决。

第四件事：培养兴趣爱好。培养良好的兴趣爱好可以让生活充满乐趣和活力，可以陶冶情操、修身养性，还可以辅助治疗一些心理疾病，防止亚健康的深入影响。

第五件事：善待个人压力。压力来源于个人的思想紧张，是人们之所以感到疲劳的根源所在。因此，女性要学会放松心态，确立切实可行的目标，不要有过高的期望，从而让自己从紧张、疲劳中解脱出来，学会从容应对各种挑战，让心理时刻处于一种平衡状态。

好的睡眠让你春风满面

对于广大女性来说，大家都知道睡眠不足、睡眠质量不佳会引发一系列的问题，比如皮肤严重缺水、干燥脱皮、暗淡无光、脸色萎黄，皱纹、痘痘、浮肿、眼袋也会加速爬上美丽的脸蛋。有一些女性，虽然已经到了不惑之年，但一点也看不出岁月的痕迹，体态轻盈，脸色红润，肌肤看起来光滑有弹性，依旧有风韵。也有一些年轻的女性，还不到30岁，却感觉神采黯然，脸色晦暗，眼圈黑晕不退，皮肤皱起，时感精力不济，萎靡不振。而造成这种区别的罪魁祸首就是睡眠。前者睡得香，睡眠时间充足；而后者因为压力大，经常性失眠，睡眠质量不高。那么，如果女人睡眠不好，会产生哪些危害呢？

1. 加速衰老

长期的睡眠不好会影响人体的内分泌，容易引发生物钟的紊乱，加速衰老的进程。很多女性由于生理、心理等因素，经常睡不着、入睡浅、易醒、多梦等，很容易出现精神不振、皮肤灰暗、色斑皱纹增多、身体机能衰退的现象。在这种状态下，即便进美容院也解决不了问题，因为再贵的化妆品也改善不了睡眠问题，治标不治本。

2. 免疫力下降

睡眠质量不高，在短时间内会产生体乏无力、头晕目眩、腰酸耳鸣、心慌气短等症状；长此以往，容易引发情绪不安、忧虑焦急、免疫力降低，更严重的会导致各种疾病的发生，如神经衰弱、感冒、胃肠疾病、心梗、脑梗、中风、高血压、糖尿病等，甚至有可能造成猝死，给身心健康带来严重的伤害。

3. 容易发胖

睡眠不好，不仅会影响容颜，还会影响身体的新陈代谢。所以，很多女性在发现自己有一段时间睡眠不好之后，身材会走样，这就是睡眠不好的直接体现。因为失眠让人体内的消脂蛋白浓度下降，从而令食欲大增，引发肥胖。

4. 影响思维

充足的睡眠可以让女性保持反应灵敏、思维清晰。但如果长期睡眠不好，大脑就不能得到有效的休息，很容易出现缺血缺氧，脑细胞死亡加速，人很容易出现精神恍惚、反应迟钝、记忆力减退、整天迷糊、无精打采等现象，严重影响工作、学习的效率，甚至还会引发精神分裂和抑郁症、焦虑症、自主神经功能紊乱等功能性疾病。与此同时，神经内分泌的应激调控系统将被激活并逐渐衰竭而产生调节紊乱，注意力、专注力、精细操作能力、高智力思考及记忆力、学习效率及创造性思考力也会明显减退，这些也可以被看作衰老的表现。

导致女性睡眠不好的原因有很多，可尝试通过以下途径改善睡眠。

①调整作息

可以通过调整作息规律，减少白天的睡眠时间，从而保证夜晚的睡眠，不熬夜，定时睡觉，可在一定程度上缓解睡眠问题。

②调整饮食

入睡前过饥、过饱也可能导致女性睡眠不好。适量饮食，减少辛辣油腻食物的摄入，睡前喝一杯热牛奶等，对缓解睡眠问题也有一定的好处。

③适当运动

平时可以适当运动，比如瑜伽、拉伸、游泳、跑步、跳操等，提高心肺功能，放松身心，减少焦虑情绪，从而缩短入睡时间，有效维持睡眠深度。

④药物治疗

长期睡眠不好也可能是由一些疾病引发的，比如更年期综合征、神经症、睡眠障碍等，此时可遵医嘱服用一些药物进行适当的缓解。

⑤辅助手段

睡前也可以采用一些辅助手段，促进睡眠。比如，用热水泡脚、泡澡等可以缓解疲劳、改善睡眠。对于由精神紧张而引起的睡眠障碍，可以通过听音乐、看书的方式排解不良情绪，改善睡眠。此外，幽静的睡眠环境也可以促进睡眠，必要时可以佩戴眼罩、耳塞等物品，进一步提高睡眠质量。

善待自己，不生气

著名歌星姚贝娜在患癌症住院的时候说过，自己得病就是因为自己经历过一段特别郁闷的时期，那种郁闷情绪憋在身体里，找不到一个出口，最终导致身体出了问题。所以，她奉劝人们，遇到事情要想开一点，毕竟在这个世界上，相比自己的健康和身体，什么事情都是小事，都不重要。特别是女性，不要总是生气，尤其是生闷气，更容易得病。不妨端正心态，如果有人爱、有人宠，就做一个知足的小女人；如果没人爱、没人宠，就强大自己。因为生气相当于一种慢性自杀。

但是我们发现，很多女性在成为妻子和母亲之后，会变得特别容易生气，因一两句不顺耳的话就有可能发一通脾气，因鸡毛蒜皮的小事就要赌半天气，让人觉得不可理喻。这究竟是为什么呢？

1. 特殊的生理构造

从生物角度来说，在人体内有一种叫血清素的物质，其主要任务就是情绪调控。如果血清素分泌不足，就会出现各种由情绪引发的心理问题。而女性体内血清素的分泌速度和密度远远低于男性，所以女性更容易感性，而男性更理性。所以，女性爱生气，就是因为体内的血清素不足。

2. 太过完美主义

女性天生就比较细腻，想问题、做事情比较周到全面，所以自古以来都是由女性主导家庭内部事务的。但有些女性很要强，太过完美主义，事事都要做到极致，处处都要追求完美，容不得一点不如意和缺陷，对自己、孩子和伴侣的要求都很高，只要有一点不满意就会大动干戈，家庭关系和人际关系很容易变得剑拔弩张，心情自然也好不到哪儿去，生气就成了家常便饭。

了解了女人为何更容易生气，还要了解生气会对女性的身体带来什么样的伤害。

1. 伤肝

女性一生气，就会导致肝气不畅、肝胆不和、肝气郁结，这种状况非常容易引发乳腺增生和妇科疾病。所以，女性遇到生气的情况，要先深呼吸，让自己冷静下来，千万别憋在心里，这样对肝脏不好。

2. 伤皮肤

人们常说，再生气就不漂亮了，这是有科学依据的，并不是危言耸听。对于女性来说，当你生气时，虽然表面看起来很平静，其实身体内部已经发生了很大的变化，比如体内产生的大量有害毒素会聚集在面部，对皮肤造成一定的影响和伤害，最后引发一系列的肌肤问题。

3. 伤免疫系统

免疫系统对于人体来说是身体抵御外界伤害的一道屏障，生气时这道屏障会被破坏，因为身体会释放出一种叫皮质醇的物质，这种物质是免疫细胞的天敌，会影响其正常活动，从而导致身体免疫力下降，病毒、细菌便乘虚而入，从而引发诸多疾病。

4. 伤脑

生气时，大脑思维的常规行为会遭到破坏，很容易令人失去理智，情绪占了上风，就容易做出一些过激的行为。这对大脑是一种伤害，严重的时候还会引发脑出血，非常危险。而且女性年龄越大，越要警惕，不能轻易生气。

5. 伤心脏

女人如果长期处于生气、郁闷和易怒的状态，自主神经功能就会紊乱，身体会出现很多不适，表现在心脏方面就是时常感到心慌气短，情绪不稳定，心情不舒畅，感觉不舒服，会对心脏造成很大的伤害。

生气是百病之源，所以女性在遇到令人生气的事情时，要懂得迅速调整，转移注意力。一是食用一些消气的食物，如白萝卜、陈皮等，都有理气、消气的效果。二是调整心态，尽量避免自主生气。无论遇到什么事情，都不要让自己长时间处于生气的状态，减少生气的时间和强度。三是要做情绪的主人，自己的情绪自己负责，不要随意让别人来主导自己的情绪。人们对于同一件事情之所以会有不同的情绪反应，主要是因为对事情的解读不一样。解读成好事，就不会引发情绪问题；解读成坏事，就很容易生气。比如丈夫从来不做饭，有一天心血来潮做了一顿饭，但是把你辛苦打扫干净的厨房弄得一团糟，不同的女性对此就会有不同的解读。爱生气的女性会认为丈夫在给自己添乱，还得重新打扫一遍厨房，虽然吃了丈夫做的饭菜，却开心不起来。而不爱生气的女性或者懂得调节情绪的女性就会好好享受丈夫做的饭菜，理解为丈夫懂得心疼自己了，应该好好鼓励他，以后他就会经常帮自己分担家务了，这是一件令人开心的事情。虽然厨房被弄得一团糟，但可以让他和自己一起打扫，这样以后他在做饭的时候就会注意了。由此可见，要想不生气，改变自己的想法和对事情的认识，也是一种好办法。

调养好脏腑，才能明媚动人

现代女性在生活和工作的双重压力下，自身的健康和美丽很容易受到影响。腾讯微保2021年的理赔报告显示：

女性疾病高发年龄段为31~40岁，而男性疾病高发年龄段为50~60岁，女性疾病高发年龄比男性疾病高发年龄平均早20年。在日常的门诊理赔中，女性赔付次数占比也比男性高出5%。妇科疾病是门诊理赔中的最高发疾病，月经不规则高居门诊理赔榜首，几乎覆盖18~50岁年龄段。值得注意的是，乳腺癌已成为威胁女性健康和生命的头号杀手。

世界卫生组织国际癌症研究机构（IARC）的最新统计数据显示，2021年全球乳腺癌新增人数达226万人，取代肺癌成为全球第一大癌。2021年中国有42万新发病例，且发病率在逐年上升。此外，宫颈癌正在成为威胁全球女性健康的另一恶性肿瘤，在15~44岁罹患恶性肿瘤的女性中，新诊断人数位居全球第二。全球每年新发的宫颈癌患者超过57万人，死亡病例有31万例左右，目前我国每年新发患者超过10万人。

由此可见，女性应提高疾病风险防范能力，积极应对疾病风险，养好五脏六腑，才能明媚动人。那么，女性该如何调节呢？

1. 补血

很多女性的脸色不太好看，不是惨白没有血色，就是面色萎黄，看起来病恹恹的。这种情况大多是气血不足引起的，非常容易疲倦、头晕，有时也会引发心悸。遇到这种情况，就需要及时补血。

2. 养肾

有些女性的脸色看起来非常暗沉、不通透，这就是肾气不足导致的。由于肾亏而导致阴液亏损，皮肤无法得到营养供应，才会看起来很暗淡。可以通过补肾气来调整脸色，加速黑色素代谢，让肤质更粉嫩。

3. 调宫

有些女性虽然肤色正常，但毫无血色，看起来一点也不健康，这很可能是宫寒体质造成的。此时，要注意饮食，少吃冰冷食物，减少使用空调，少在冷气房间里停留，因为这些都会加重宫寒体质的症状，很容易出现痛经。

4. 补气

气虚的女性一般面色灰白、疲倦乏力、舌淡苔白、食欲不振、脉虚弱无力，平时总感觉喘不过气，不喜欢运动。所以，女性要注意补气。

此外，女性要养好五脏六腑，还要注意培养一些良好的生活习惯，让自己看起来更美丽。

①少喝咖啡

科学研究发现，现代人普遍存在咖啡因摄入过多的问题，特别是在白领人群中这一问题尤为突出。咖啡因摄入过多会导致心跳加速、焦虑、失眠等问题，还会影响到女性的气色。所以，建议女性每天多喝温开水，尽量减少咖啡因的摄入量。

②喝点黄酒

女性发现自己脸色不好的时候，大多有脾虚之症，最明显的症状就是嘴唇发白。女性如果想拥有红润的脸色，则需要注意补脾。除了多吃山药等补脾食物外，专家建议在天气寒冷的时候可以喝一点黄酒佐餐，对于改善肤色有很好的帮助。

③注意排毒

事实上，我们每天吃到身体里的食物，在消化的过程中，也会产生一些废物和毒素，要及时排出这些废物和毒素，否则会影响到女性的脸色。如果有便秘的习惯，毒素就会因为在小肠里停留的时间比较长，随着血液流遍全身，让皮肤看起来特别粗糙。所以，要注意每天的身体排毒，每天晨起喝一杯温开水，可以帮助唤醒沉睡的肠道，让身体保持轻盈。此外，还可以通过多吃蔬菜和水果来排除体内的毒素，这也是拥有好脸色的好方法。

④享受午睡

越来越多的研究发现，女性每天中午的小睡对健康非常有益。所以，每天保持午睡的习惯，可以放松一下疲惫的身心，让大脑和身体得到双重的休整。即使没有条件，趴在办公桌上的小憩也会对一整天保持旺盛的精力有所帮助，也会让脸色看起来更好，保持明媚动人的魅力。

⑤科学饮食

女性要养好脏腑，也不能忽略饮食方面的调节。

⑥一日三餐合理搭配

女性要多吃绿叶蔬菜，以清淡的饮食为主，少吃容易上火的食物。比如芹菜、茼蒿菜和马兰头都具有清凉的作用，可以多多摄入。此外，富含维生素的食物和降火的食物也要多补充。

适当轻断食，做"无毒"女人

很多女性感觉自己过了30岁，身体新陈代谢的速度明显慢了很多，如果还按照之前的食量来吃，那么体重很难维持。在不饿肚子的前提下，究竟怎么吃，才能既吃得健康，又养成易瘦体质呢？那就需要经常进行轻断食了。这是因为保持身材不是一朝一夕的事情，需要把它融入日常生活的点点滴滴之中，这样好身材才能长久地伴随自己。采用轻断食，将保持身材的方法变成习惯，长年累月坚持下去，再长胖就很难了。

我的朋友云云37岁了，身材保持得非常好，她向我分享了很多轻断食的秘籍，在这里我就分享给大家。

1. 自己动手做饭

作为上班族，很多女性的生活节奏很快，经常靠点外卖来解决自己的一日三餐。而我的朋友云云多年来坚持一个习惯，那就是不管多忙，都自己动手做饭，这样不仅能够保证食材的新鲜，还可以严格控制食物的量，不会让自己一下子吃得太多。

在通常情况下，她会保证一个成年人每日所需的主食、蔬菜、肉，每周还要保证摄入海鲜类，在保持不发胖的情况下，还要兼顾好热量，做到营养均衡。所以，为了保证自己做饭的持续，她会在每周末准备好一周需要的蔬菜、肉、鸡蛋，做好分类，提前打包好放在冰箱里冷藏，这样在制作的时候就不会因为还需要现买食材而放弃了。

2. 制订专门的食谱

做饭是一种日常，可以随便做做，也可以认真地做，而制订一份轻食的食谱就是对自己健康和美丽的最好呵护了。制订一份科学营养的食谱，可以让轻食计划长久地坚持下去。我的朋友云云经常准备蔬果沙拉，不仅制作简单，而且吃的时候不需要烹饪，直接洗干净就可以了。她还会在沙拉里添加一种名为藜麦的谷物，这种谷物不仅升糖指数低，而且富含维生素。此外，在沙拉里面添加牛油果，可以补充优质脂肪；还可以添加柠檬、黄瓜、芝麻菜、番茄、紫甘蓝等，好看美味，干净健康。

3. 多吃低脂燕麦

我的朋友云云除了制作沙拉外，还有一个秘密武器，就是低脂燕麦。低脂燕麦热量低，饱腹感强，非常适合作为轻食来食用。头一天晚上把用牛奶泡好的燕麦放进冰箱里，第二天再煮着喝，口感格外好。在喝的时候，还可以加上水果和坚果。当然，即便是健康的食物，在吃的时候也要注意量的把控，不能敞开吃，那就不叫轻食了。此外，还要坚持下去，不能三天打鱼，两天晒网，否则很难看到效果。

在轻断食的过程中，还要注意一些小的事项。

①不可连续轻断食

正确的轻断食方法是以两天为一个节点，这样效果才能显现出来。特别是减肥者一定要注意这个节点，在一周内轻断食的时间不能超过两天，且不能连续。比如，可以选择周一和周四，或者周二和周六轻断食。如果连续进行轻断食，那么饥饿感会连续，意志力就会因此变弱，反而不容易坚持下去。

②注意间隔时间

正确的轻断食要注意每餐之间的间隔最好超过 12 小时。相关研究表明，空腹时间久，往往更有利于体内脂肪的分解。一定要注意这个细节，否则很容易前功尽弃。在两餐之间，当你感觉坚持不下去的时候，可以转移注意力，去做一些其他的事情。

③少吃碳水化合物

在一日三餐的饮食中，要尽量少吃一些富含碳水化合物的食物，比如面包、米饭、面条、包子等，而要适当增加一些富含蛋白质的食物，比如牛奶、鸡蛋、瘦肉等。相关研究表明，蛋白质的饱腹感要明显优于碳水化合物，因此，提高蛋白质的摄入比例，可以提升饱腹感。此外，蛋白质的食物热效应会帮助我们消耗更多的热量，有助于保持身材。

服饰搭配，简约优雅又有气质

爱美是女人的天性。很多女性为了让自己看上去更加美丽动人，会不断地买新衣服，衣橱里的衣服可以说数不胜数。但是，一个女人想要穿得好看，不是只有衣服就可以了，还要讲究服装款式和颜色的搭配。如果服饰搭配得好，那么女性的整体气质会得到立竿见影的提升，更显高级感。

穿得好看，才活得漂亮

精致的女人，不只让男人心动，让女人也心动。

相信大家都听说过这句话。确实，对于女性来说，漂亮或许是天生的，但精致的内在与外表是后天修炼出来的。对于一个追求美的女性

▶ 美丽是一场修行

来说，总是在追求穿得更漂亮，让自己变得更加精致动人。因为长得漂亮是优势，穿得漂亮是本事。所以，美丽的女人一定要有衣品，能够穿出个性风采，穿出自身的魅力。

有些女性却不这么认为，她们觉得把时间都花在外表上，是对自己内在和容貌的不自信，纯粹是在"画皮"，不过是做一些表面功夫，太俗气。抱有这种想法的女性实在是大错特错了。那些既有魅力又美丽的女性往往特别重视衣品，而这是一种更社会化、成熟化和品质化的选择。

在这里要提醒大家，所谓的"衣品"好，不是为了穿得漂亮，只买贵的，只穿新的。正如一位时尚界人士所说：

最不会穿的女人就是那些把一身Logo都穿在身上的女人，再漂亮也是人家Logo的本事，而不是你的本事。魅力女人要会藏起Logo的光芒，让自己发光。

也就是说，所谓的"衣品"好，就是懂得把任何简单的衣服都穿搭得很漂亮，哪怕只是一件普通的白衬衣，通过搭配，也能穿出独特的韵味。而这才是拉开与其他女人差距的所在。

好莱坞著名女星玛丽莲·梦露就是一个很好的例子，除了她，没有人能够把普通得不能再普通的铅笔裙穿得那么好看，具有一种独一无二的美。除了她的身体条件比较出色之外，据说她为了把衣服穿得更好看，专门研究训练了独特的走路姿态，被人称为"梦露步态"，那就是把高跟鞋后跟削掉四分之一之后走路的样子。梦露的很多粉丝认为，无论什么样的衣服穿在梦露的身上，只要她简单地走几步，那这件衣服的美丽就再也不会被其他女性超越。

英国著名歌手、时尚名人、贝克汉姆的妻子维多利亚也是一个特别讲究衣着的女性，随便一张街拍，都感觉她就是为衣服而生的。在她这里，从来没有身材走形之说，因为她为了穿得更漂亮，非常自律。据说，25年来，她从来不吃碳水食物，完全掐断了自己对大多数食物的欲望，肉也只吃优质蛋白，果蔬进食也控制在基本健康范围之内，至于甜品与饮料更是从来不碰。难怪她无论穿什么都漂亮，散发着无穷的魅力。

女性这一生，除去容貌的衰老，还有来自事业、婚姻、家庭三座大山的压力，从来没有喘息的工夫。随着年龄的增长，更需要穿得漂亮，丰盈内心，点缀生活。因为一个人若能巧妙地根据个人喜好塑造自己的穿衣风格，则是一件既高级又美妙的事情。

法国博主Sabina Socol既没有天生的美丽颜值，也没有迷人傲娇的身材，却有着肉肉的方脸、扁平的五官和偏胖的身材，但就是这样的

▶▶ 美丽是一场修行

她，却成了法国最红的时尚博主。她从来没有因为自己的身材和容貌而定义自己，即便在怀孕期间，也照样自信穿搭，且绝不跟随和模仿大众的审美，而是从自己的视角出发，利用穿搭技巧，巧妙地隐藏自己的身材缺陷，比如九分穿法、解开扣子制造V领显瘦视角等。作为时尚编辑的她，对美有着独特的见解。而且她的家里布满鲜花，从穿衣到生活，她用自己的行动提醒广大女性：既要穿得漂亮，更要活得漂亮，女性人生的主动权永远掌握在自己的手中。

从法国博主Sabina Socol身上我们看到，大凡"衣品"好、穿得漂亮的女性，对于美丽都有一份执着，把对生活的热爱与心思统统穿在了自己的身上。服饰就是一种自我的表达，从外表来看，是身材、肤质、仪态的全方位展示；从内在来看，则是自省、自知、自信的立体化升华。所以，女性一定要在穿衣搭配方面多花一些心思，打造自己的风格，不断提升自己的"衣品"，不被千变万化的潮流左右，在自己的审美框架内适当融入一些时尚元素，最终形成自己的穿衣品位，体现出浓郁的个人风采。

衣服会说话

你穿的衣服会说话，而且声音很大。

这是一位时尚界的名人说过的一句话。现如今，我们身上的衣服已经不再只是满足遮羞保暖的功能，服装已经成为一张无声的名片。也就是说，穿衣是"形象工程"的大事，虽然服装不能塑造出完美的模样，但是第一印象的80%来自着装。对此，女性不可以掉以轻心，需要遵从着装TOP原则。

TOP是时间（Time）、场合（Occasion）和地点（Place）的英文缩写，也就是说，穿衣服要与时间、场合和地点相协调。

1. 时间原则

在什么时间做什么事情，对于女性穿衣来说非常重要，要随着时间的变化而变化。比如，白天工作的时间，要穿正式的套装套裙，体现一种干练简约的风格；晚上应酬社交，就要多一些装饰，比如高跟鞋、丝巾、包；与家人在一起的时间，就可以选择休闲风格。此外，还要结合季节的特点，随时变换风格。

2. 场合原则

衣着要与场合相协调，比如，与客户会谈或参加正式会议的时候，衣着要稳重考究；去咖啡馆里听音乐，可以穿得相对随意；在出席正式场合时，可以考虑着正装，比如旗袍、套裙等；而与朋友聚会、郊游等，着装选择轻便舒适的风格。如果着装不在意场合，则很可能会闹笑话。比如，大家都穿便服的场合，你却穿礼服，就显得不合适；同样，出席正式宴会，你却穿着便装，则是对主人的不尊重。

3. 地点原则

如果是在家里接待客人，就可以选择舒适、整洁的休闲服；如果要去拜访客户或参加谈判，则穿职业套装会显得专业、干练。此外，到一些特殊的场合，比如教堂、火葬场等，就要注意不能穿颜色太过鲜艳的服装，或者穿着过露、过短的服装。

无论在什么时间、什么地点、什么场合穿衣服，还要讲究一些细节，才能够让女性着装显得更加端庄得体。

1. 裙子细节

年轻女性的裙子下摆可在膝盖以上 3~6 厘米，但不可太短。中老年女性的裙子应在膝盖以下 3 厘米左右。在裙子里面应穿安全裤。真皮或仿皮的西装套裙不宜在正式场合穿着。

2. 上衣细节

上衣讲究平整挺括，尽量少用饰物和花边点缀。内衣不能外露，更不能外穿。此外，上衣不一定要高档华贵，但必须保持清洁，熨烫平整，这样穿起来才显得大方得体、精神焕发。因为整洁并不完全是为了自己，更是尊重他人的需要，这是良好仪态的第一前提。

3. 内搭细节

内搭要以单色为主。如果是衬衫，则要注意把下摆掖入裙腰之内，而不要散垂在外，否则看起来不精神。而且衬衫的纽扣除了最上面一颗可以不系，其他纽扣都要一一系好。在穿着西装套裙时，不要脱下上衣，直接穿衬衫，以免破坏整体性。内搭的颜色要与外套相匹配，看起来不突兀。

4. 鞋子细节

鞋子的搭配也要遵从 TOP 原则，平跟鞋、高跟鞋、中跟鞋、运动鞋、休闲鞋都要有，根据不同的服装风格进行搭配。比如穿套裙，要配高跟鞋或低跟鞋；穿休闲服，要配运动鞋或休闲鞋。款式尽量简约，颜色不宜花哨，否则会给人不稳重的感觉。而在正式、庄重的场合不宜穿凉鞋或靴子，黑色鞋子的适用性最好，可以和任何服装搭配。

5. 配饰细节

除了主体衣服之外，手套、袜子、包的搭配也要多加考究。如袜子以透明近似肤色或与服装颜色协调为宜，带有大花纹的袜子绝对不能登大雅之堂。此外，包的搭配也十分重要，如果你选择的服装颜色比较简单，则可以选择亮色的包进行装饰，这样整个人看起来会更加明亮。

6. 饰物细节

在服饰搭配中，巧妙佩戴饰品能够起到画龙点睛的作用。但是，佩戴的饰品不宜过多，否则会显得廉价、庸俗。此外，在佩戴饰品时，要尽量与服装选择同一色系，让整体搭配更加统一、和谐。

除了这些穿衣的技巧之外，不同色彩的服装搭配也会给人不同的审美感受。比如深色或冷色调的服装会让人产生视觉上的距离感，看起来严肃、庄重；而浅色或暖色调的服装看起来会轻松活泼，具有亲和力。

10 条穿搭基本法则

每个女性都知道，要想漂亮，肯定离不开好看的衣服。但是，如何穿出自己的风格，穿出个性和气质，穿成一道美丽的风景线，所到之处皆为亮点，则需要在搭配技巧上下一番功夫。比如，当你穿了一件非常简约的单品时，就要考虑更有设计感的配饰；如果你背了一个十分艳丽的包，就要考虑搭配精致、低调的服装。那么，如何穿出自己的风格？以下 10 条穿搭基本法则告诉你。

1. 要有自己的风格

所谓风格，就是一种感觉，常见的风格有很多种，分为优雅、淑女、中性、性感、可爱等几大类型，至于你属于哪种类型，可以根据自己的喜好、个性和容貌来确定。如果你天生比较冷酷，就不适合可爱的风格；如果你比较性感，就不适合中性的风格。如何才能确定自己的风格呢？可以多看一些明星穿搭，从她们的身上学习，找到自己喜欢和适合的就可以模仿，渐渐地形成自己的风格。比如某好莱坞女明星，她一贯的连衣裙和裤装的搭配已经成为她的显著标志，而这就是她打造的个人风格。

2. 衣橱中的单品要占大多数

基础单品的好处就是可以凸显品质，非常百搭，且适合出席多种场合，比如一件普通的白衬衫、黑色或白色的基本款T恤、米色风衣、小黑裙、牛仔裤、中性风格的皮衣、宽松的针织外套、利落的西装套裙等。有了这些基础单品，每季再添置一些颜色艳丽、款式复杂的新品进行混搭，这样无论是哪种风格，都可以轻松打造出来。

3. 深色一定要用亮色点缀

如果你特别喜欢穿深色的衣服，比如黑色、蓝色、咖啡色等，为了避免看起来毫无生气，可以点缀一些亮色，马上就会灵动起来，而不会给人太过阴郁的印象。亮色可以是衣服上的胸针，也可以是一个包、一条围巾、一双高跟鞋等。

4. 鞋子一定要有质感

鞋的质量非常关键，所以有些女性非常舍得在鞋子上投资。越贵的鞋子，在选择的时候越要遵守的原则就是选择经典百搭款，比如黑色和裸色的尖头高跟鞋。基本款且质量好的鞋子，与各种基础单品，比如小黑裙、牛仔裤、米色风衣、白衬衫等，都可以完美搭配，毫无违和感，而且非常耐穿，且更加舒适。

5. 黑白永远不出错

如果你对色彩搭配无感，为了避免把调色盘穿在身上出门，不妨选择黑白色这种经典的搭配，永远不会出错。黑白双色搭配有很多的经典案例，比如 Chanel 黑白时装、Maison Michel 宽檐帽等，都是黑白搭配的佼佼者。

6. 要有一个好包包

包包不一定非要奢侈品，非要名牌包，但至少要保证质量比较好，否则会拉低自己的品位。而且质地比较好的包，无论搭什么衣服，都会抬高衣服的档次。

7. 一定要有腰身

在时尚界有一种经典的搭配法则就是上紧下松，就是因为女性都有突出腰身的需求，毕竟 S 形身材是人人所向往的，可以让女性不动声色地展现自己的完美身材。难怪有腰身的衣服是很多女明星的首选，因为收拢的腰身不仅能够凸显上围，也能将女性该有的曲线表现得淋漓尽致。

8. 套装更有高级感

套装就是上衣和下衣都采用同样面料、花色和设计风格的衣服，这样不仅可以免去很多女性搭配的烦恼，而且会显得非常大气和高级，从视觉上给人非常稳重、成熟和干练的感觉，看起来更加优雅迷人。

9. 裙长要在膝盖位置

很多女性都喜欢穿裙子，但在选择裙子的时候，除了款式、颜色和面料外，裙子的长度也不能忽视。因为过短的裙子容易走光，而过长的裙子行动不便，一条长度适宜的裙子就可以避免这两种情况，在美丽的同时，兼具方便、实用和百搭的功能。

10. 阔腿裤要搭配高跟鞋

也有很多女性喜欢穿阔腿裤，却在搭配上容易犯错误，正确的穿法应该是阔腿裤搭配高跟鞋。因为阔腿裤的设计会加重下半身的分量，只有搭配一双高跟鞋才会减轻这种感觉，看起来更加轻巧。而上半身只需搭配一件衬衫或小外套就能立刻时尚起来。

你要有一件白衬衫

对于白衬衫，有些女性有一种执念，从小时候的校服开始，一直穿到现在，不分年纪，不分时期，不分心情，不分身份，穿白衬衫都很合适。而且有些女性年龄越大、越有阅历，就越喜欢白衬衫，她们已经不喜欢花哨了，一件白衬衫足矣，优雅百搭，适合所有场合。

娱乐圈的很多女明星，对白衬衫也十分钟爱。每逢大型活动，有些女明星会在妆容、服饰上大费心思，季节限定、大牌高定，各种礼服让人看起来眼花缭乱；而有些女明星却不走寻常路线，只要一件白衬衫，同样艳压群芳。

在一次青年电影展上，一位女明星亮相红毯时上身只穿白衬衫，搭配非常简单，却很好地展现了其优雅大方的气质，成为当天在红毯中表现最好的女明星。其他女明星身着厚重的礼服，与白衬衫相比，显得十分臃肿，看起来也不精神。

还有一位知名女明星，在1993年的戛纳电影节上亮相时，白衬衫配鱼尾裙，简约雅致的造型不仅迷倒了大批粉丝，还惊艳了整个国际电影节。这是她第三次参加戛纳电影节，白衬衫放大了她身上成熟、自信、大方的气质，让她艳压国际。

从这两位女明星身上可以看出，白衬衫永不过时。正是它的存在，才让穿搭变得简约而大气，无论是休闲潇洒的穿搭，还是正式严肃的装束，都显得游刃有余。所以，女性不管年纪多大，都要有一件白衬衫，无论如何搭配都非常合适。下面介绍几种白衬衫常见的搭配方法。

1. 白衬衫 + 半身裙

白衬衫的功能很强大，一直处在流行的前沿，无论男女老少，对它都情有独钟。对于女性来说，可以直接用它来搭配裙装，端庄感会更加强烈。如果将白衬衫塞到裙子中，则能够很好地调节身材比例，让女性的腰线更加纤细。

一位女明星经常这样搭配出席活动，看起来大佬气场十足，在一众女明星中，轻轻松松就能拔得头筹。我的一位同事也喜欢这样的搭配，她本身给人的感觉就是非常知性、大方，白衬衫特别符合她的气质，二者相得益彰。每次看到她穿白衬衫都会搭配一条A字半身裙，整个人看起来干净利落，同时满足了人们对知性女神的完美想象。

2. 白衬衫 + 长裤

白衬衫适用的场合很多，只要是自己喜欢的风格，都可以通过白衬衫来尝试。白衬衫与裤装组合，看起来干练感十足，表现出强大的随性范儿，无论是什么颜色和款式的裤子，都可以形成得体的装束，既耐穿又百搭，完全没有严肃的感觉。所以，不管女性处于什么样的角色、地位，无论年龄如何，一定要在衣橱里准备一件白衬衫，与裤装搭配起来，不会有挤压曲线、暴露腿形的不足，反而会让着装新潮范儿十足。一位被称为"性感女神"的女明星，平时的形象大多是微卷长发、撩人红唇和性感长裙，但后来却突然改变形象，经常穿白衬衫配长裤，让人眼前一亮。虽然白衬衫搭配黑色西裤再普通不过了，但她却将其穿出了十足的高级感，把一种轻熟女性最迷人的气质表现得淋漓尽致。

3. 白衬衫叠穿

白衬衫最大的特点就是包容性强，不会对搭配的单品有太多的要求，或颜色单一，或款式花哨，或黑色单品，都可以让其显出简单、高级的效果，从来不会令人感觉单调。所以，白衬衫有很多出彩的搭配，其中叠穿法最吸睛，不仅层次感十足，而且赋予穿衣者非常休闲的气质。比如，在白衬衫外面叠加一条白色围巾，或者直接搭配同色T恤，就融入了极为明显的休闲气息，造型效果丰富。但上身叠穿之后，下身就要避免再穿白色，否则呈现出来的效果会太过刻意，具有局限性。同时，白衬衫也可以保持垂落于叠加单品之外的搭配，让上身和下身色彩之间有显著的对比。

小饰品有大作用

服装搭配要想出彩，少不了各种小饰品的画龙点睛。所以，一个有品位的女性，在搭配服装的时候也会非常重视饰品的细节。她们在选择饰品的同时，也会考虑饰品的风格、质感是否与自己的气质、风格相匹配。只有这样，饰品才能收到提升女性魅力的效果，让女性的精致在不经意间流露。女性常见的饰品主要有以下四种。

▶ 美丽是一场修行

1. 项链

如果说有些女性不喜欢手镯，那么项链则是必备的单品，特别是在女性出嫁时，几乎人手一条金项链。而文玩系列的项链相比金银首饰来说，更彰显个人特色和魅力，不管搭配任何衣服、出席任何场合，都能体现女性之美，不但让人感觉脖子变得修长，而且还能增加个人气质。

2. 手镯

不管是年长的女性，还是年轻的女性，都对手镯爱不释手，因为与其他饰品相比，手镯更显得沉稳大气，能把中国女性独有的温婉与雍容华贵体现得淋漓尽致。比如翡翠手镯一直以来都是高贵典雅的象征，腕间蕴含着神秘的东方文化的灵秀之气，所以，它有着"东方绿宝石"的美誉，受到很多人的喜爱，其中不乏名人、明星。

3. 耳环

耳环分为耳坠和耳钉。耳钉小巧内敛，虽说不是那么大气，但会有一种江南女子、小家碧玉的灵秀之气，显得很利索，不是那么臃肿；而耳坠的款式比较多，张扬的、妖艳的、柔美的，长长地垂下来，充分彰显出女人的妩媚。而且不同长度的耳坠还会起到修饰脸型的作用，在无形中可以提升颜值。

4. 戒指

戒指的款式非常多，翡翠的、玛瑙的、蜜蜡的，只要能想到的材质，都可以做成戒指，佩戴在手上，显得手指修长。而且戒指还具有纪念意义，比如婚戒等，在装点美丽的同时，还多了一份美好的寓意。

由此可见，要想服装搭配的品位更高，不能忽视饰品的作用。选择合适的饰品，并注意搭配原则，更能体现出女人味，提升女性魅力。

1. 与服装风格统一

混搭最考验女性的搭配功底，但是，一味地混搭，则有可能直接暴露自己的缺点，拉低自己的档次和品位。所以，女性在挑选饰品的时候，应注意与自身的服装风格相统一。比如，优雅风格的裙装只能搭配优雅风格的饰品，而不能选择太休闲、太个性的饰品。

2. 与自己的肤色匹配

女性在挑选饰品的时候，不要忽视饰品的颜色，铂金、黄金、白银这些金属的颜色有着很大的差异，适合的人群也不一样。而女性的肤色也有区别，比如有些女性的皮肤偏黄色，在挑选饰品的时候就要注意避免亮度太高的饰品，否则搭配出来会显得气色不好。

3. 款式切忌太夸张

女性在挑选饰品的时候，不要让饰品在自己的服装搭配中有太多的存在感，否则会给人用力过猛的感觉，起不到画龙点睛的效果。尽量以简洁、大方为原则，简单一些的饰品更容易令人耳目一新。

4. 适当融入时尚元素

女性在挑选饰品的时候，要从个人的实际情况出发，比如年龄、身材、气质、风格、喜好等，在此基础上再融入各种时尚元素，同样能够给气质加分。比如，有些女性会选择在夏日搭配墨镜、帽子，这些饰品可以选择时尚感强的，这样不仅看起来时尚，还很减龄。与此同时，还要注意饰品的款式与自己的整体搭配风格是否匹配，选择的饰品既不要太浮夸，也不要过于单调。如果你的穿着打扮比较低调，那么饰品可以稍微夸张一点，点缀造型，让你看起来更加时尚。

5. 服装饰品要融合

女性想要提升魅力，需要从全方位来展现个人的品位。比如，你的服装很有质感，但饰品太廉价，就无法体现出自己的气质。如果想要整体搭配显得有品位、有气质，就要注意服装饰品的整合性，衣服的材质要足够高级，饰品的质感看上去要好，这样才能看起来令人赏心悦目。千百年来，服装和饰品就是一对分不开的"好姐妹"，二者之间有着不可分割的、千丝万缕的联系。

容颜悦目，折射灵魂的样子

命由己造，相由心生。也就是说，一个人的外表容貌由父母的基因决定，但精神长相则离不开后天的修炼，容颜是内心世界的显现。凡是活得有韵味、精致的女性，她们一定有着强大的精神力量，拥有一个有趣的灵魂，表现在女性的脸上就是知性优雅和善良温柔。所以，女性的脸就是女性灵魂的样子。

外貌很重要，超乎想象

一位著名的演员曾接受一个采访，讲述一部电影中自己的角色。在这部电影中，他扮演了一个不出名的小演员，经常跑龙套，无名无钱，郁郁不得志。后来，他得到了一次机会，在一部肥皂剧里当女主角。这个小演员非常在意这个角色，为此下了很多功夫。他找了专业的化妆

▶▶ 美丽是一场修行

人员，把自己化妆成漂亮的女人。为了检验化妆的效果，他走到大街上，居然没有人怀疑他的性别，反而引起很多男人的关注，全然不知道他竟然是一个化了妆的男人。由此可见，一个女人的美貌有多么重要。而太多长相普通但有趣的女人被男人忽视了。

男人如果自身条件好，有学问，有实力，家境好，则会成为很多女性选择的对象。但是，对于女人来说恰恰相反，拥有美丽的容貌也意味着有更多的选择，因为男人选择伴侣都喜欢选择年轻貌美的。所以，美丽的容貌对女人来说非常重要。现如今，各种整容技术飞速发展，满大街都是美容院、整容医院，从一个侧面也印证了这一点。

与此同时，爱美也是女性的天性，每一个女性都喜欢把自己最美丽的一面展示在人们面前，这会让她们感觉更加自信。而这个天性通常从很小的时候就已经开始了。漂亮的小女孩总是能够得到大人很多的赞美，虽然小女孩不一定知道容貌的重要性，但是听到有人夸赞，还是会很开心的，渐渐地就会意识到容貌的重要性。如果小女孩在意识不到容貌重要的时候，看到别的小女孩因为漂亮而经常得到别人的夸赞，也会渐渐地知道容貌的重要性，虽然感觉不公平，但是处在这样的环境中，是无法改变的，也会随着大流开始在意和关注自己的容貌，尽量让自己漂亮起来。

进入学校之后，小女孩之间容貌的差别又会进一步体现出来。在上学之前，还有父母的呵护和爱，毕竟每个父母都觉得自己的孩子是最漂亮的。而一旦进入学校，就不一样了，漂亮的小女孩不仅自己感觉良好，老师和同学的认可也会让她们产生虚荣心，觉得自己很有魅力，因而很自信。比如学校组织活动，老师总是选形象好的学生参加。即便只是一个合唱比赛，也尽量让形象好的学生站在前边，而这在无形中就会让那些容貌不出众的学生察觉到这种因为容貌差异所带来的不同待遇，认识到容貌的重要性。

步入社会之后，女性如果拥有美貌也会拥有一定的优势，因为这是一个看脸的时代，虽然内涵也很重要，但是如果没有漂亮的外表，没有人会对你的内涵感兴趣。而且内涵与容貌并没有什么关联，在注重内涵的同时，也并不影响让自己变得美丽。而且美丽是一点点经营出来的，它体现着一个女人对生命、对人生的态度，把她对世界的体会与思考表现得淋漓尽致。一个女人如果拥有美貌，那么她在任何场合都可能变成主角。而在同等条件下，不同颜值的女孩会被区别对待，漂亮的女孩会更占优势。

步入婚姻之后，美貌同样占有一定的优势。因为对于男人来说，不论处于什么年龄段，没有不爱美女的，所以才有了那句"男人靠实力征服世界，而女人靠美丽征服男人"。对于漂亮的女性，男人往往更有耐心和包容心。但对于女性来说，不可能会美丽一辈子，她们把大多数时间和精力用在了家庭和孩子身上，顾不上关注和精致自己，不

▶▶ 美丽是一场修行

再细心呵护自己的美丽,很多家庭会因此而出现问题。所以,女性在步入婚姻之后,也不要忘记美丽,因为社会是现实的,毕竟每个男人回到家都喜欢看到赏心悦目的女人。如果你不收拾自己,不精心打扮自己,把自己变成一个没有魅力的女人,则很有可能会守护不住你的婚姻。这虽然听起来很离谱,但却是一个不争的现实,女性时刻把自己打造成一道亮丽的风景才是王道。

30岁前靠基因,30岁后靠自己

我们经常听到一种说法:30岁之前的美貌靠基因,30岁之后的美貌靠自己。大多数女性对此深信不疑。时代在发展,对美丽的理解也在不断变化,新时代的女性已经不再只是围着锅台转的家庭主妇了,她们对自己的容貌、生活都有了态度和要求,需要不断学习、成长和修炼。

一位女明星几十年如一日的美丽,靠的完全是对自己的严格要求,也就是自律。很多人只看到了她美丽光鲜的外表,却没有看到她为此付出的代价。别看她平时看起来娇滴滴的,但她对自己十分狠心。不管平时的工作有多忙,早上起床后的第一件事就是健身30分钟,再开始一天的工作。这一点看起来很容易做到，但是对于现代女性来说，坚持下去往往很困难。很多女性喜欢熬夜，喜欢睡懒觉，做运动也是三天打鱼，两天晒网。而这位女明星除了早上的锻炼外，一有空就去做瑜伽拉伸运动，或者到环境优美的地方长跑，这也是她保持美丽的秘密所在。运动可以让人年轻，也可以让人心情舒畅，自然就会越来越有活力、越来越美丽。她在接受采访时曾说：

我没有别人美丽，没有别人聪明，演戏也没有别人好。但是，既然有人叫我姐姐，那么我就会好好地当这个姐姐，会很严格地监督自己，希望自己一直保持这个状态。

所以，这么多年来，她一直坚持合理饮食和运动。此外，在饮食上，她也很讲究。比如要营养均衡，每天要吃5种颜色的蔬果，保持大量喝水的习惯；拍戏间隙就压腿，或者找助理打羽毛球。她认为，坚持是最重要的，因为变美、自律、身材好这些事情是没有捷径的。这些道理人人都懂，但真正能够做到的人却少之又少。因为在现实中很多人吃不了这种苦，总喜欢偷懒。

岁月是一把杀猪刀，如果不自律，不呵护美丽，那么，再美丽动人的少女，也会变成满脸怨气的大妈。所以，女性不能向现实低头，因为生活的压力就轻易降低对自己的要求，把自己弄得身材走样、容貌邋遢、衣着随意，成天一副未老先衰的样子。永远没有人会透过你惨不忍睹的外表去看你的灵魂深处。

在一次春晚节目表演中，这位女明星要从空中坐花环现身，再到水中表演，每一个动作都清晰地展现在观众面前。所有的观众都被她身体的柔韧和轻盈折服。她当晚表现出来的状态应该是40多岁的女人所能达到的最好状态，而这不是靠整形手术能够做到的。在节目表演中，她完全没有中年女性的疲态，丝毫不忸怩，光着脚翩翩起舞，丝毫不输"90后"的小花旦，毫无违和感。

虽然在娱乐圈里逆生长的女星有很多，但是能够保持这种状态的少之又少。而这种状态不是靠化妆就能呈现出来的，化妆只能改变一个人的容貌，却改变不了一个人的精神状态。

国外有一位女健身教练，用了一个月的时间做了一个实验。她有一天突然停止运动，开始放纵自己，大吃大喝。不自律的第3天，她的腹肌变化不大，还有线条感；不自律的第10天，腹肌虽然还在，但线条没了，整个人也看起来不精神了；不自律的第20天，身材虽然还很结实，但小肚子已经出来了；不自律的第30天，腹肌消失，还长了8斤脂肪。这位女健身教练最后告诉人们：你不自律，不运动，不注意饮食，不管多好的身材，1个月后，都会变得油腻起来。变胖倒在其次，最可怕的是，长期不自律的生活作风在一点点腐蚀你的身材的同时，还会一点点掏空你的大脑，让你对自己的要求越来越低，直至毫无还手之力。

由此可见，30岁之后，你的容貌不会替你撒谎。要想在岁月这把杀猪刀下逆袭，其中的道理愿所有女性尽早明白，不放弃经营自己，让自己越来越优秀、越来越美丽，最终活出自己专属的精彩。

头发是女人的第二张脸

某知名女主持人的脸型方中带圆，额头宽，发际线很高，发质细软，而且发量也不是很多。原来她的发型是一款短波波头，脸看起来又大又圆。但她自从换了一款带刘海的发型后，仿佛一夜之间换了一个人，看起来一下子年轻了10岁。这位女主持人的新发型一下子引起了人们的注意，她原来的缺点都被遮盖起来，把优点放大凸显出来，蓬松质感的发型多了一些灵动，与之前紧贴头皮的发型相比，既减龄又高级。这位女主持人的发型受到了一致好评，她也摇身一变，成为时尚女王。在发型焕然一新之后，她再穿什么都感觉特别新潮，而这都是发型转变带来的效果，完全改变了她的气质和形象。

从这位女主持人的身上我们可以看到，发型的小小改变就可以给人

▶ 美丽是一场修行

的外表带来巨大的变化。所以，再好看的脸蛋，如果发型不对，颜值也会受到影响。说发型是女性的第二张脸，一点也不为过。

还有人认为，通过一个女人头发的好坏，就可以知道她到底过得好不好，因为头发最能体现一个人对生活的品位、气质和态度。如果你仔细观察，就会发现一个非常有趣的现象：那些头发永远干净整洁的女性，在生活中也是干净整洁的人，会把生活过得井井有条；而那些头发乱七八糟、泛着油光的女性，往往过得不尽如人意。

试想，如果迎面走来一个青春靓丽的女孩子，特别吸引人眼球，可当你们擦肩而过之后，你回头再看，却看到一堆杂草般的头发，干枯没光泽，这种反差会令人非常惋惜。尤其是在天气转冷的时候，发质再好的女性如果不好好保养头发，也会变成"麥毛狮子王"。所以，保养一头浓密柔润的秀发非常重要。那么，应该如何做到呢？

1. 吹发染发有技巧

能在最短的时间内把头发吹干，又不会给头发带来损伤，这是很多女性的烦恼。其实，这个问题很好解决，只要入手一个既有速干功能又能护发的电吹风就可以了。此外，在染发的时候，尽量选择和自己发色相近的颜色，不要轻易采用一些比较流行的浅色发色，比如亚麻金、浅咖色或白金色等。这类发色虽然会让人显得年轻，但头发的质感显现不出来，会给人一种非常俗气和廉价的感觉。而且这种发色对人的皮肤很挑剔，很容易把美变成暴露缺陷。

2. 梳头准备好工具

梳头是很多掉发严重的女性最惧怕的事情，因为一梳掉一大把，十分心疼。其实，如果梳头的方法正确，不仅可以清洁头皮上的脏东西，还可以促进头皮的血液循环，让发根变得更坚韧。但前提是要有一把好梳子，温和地梳理头发，让毛糙的头发变得更服帖，特别是在秋冬季节，这一点很重要。用好的梳子梳头发，不仅可以增加头发的光泽度和饱满感，同时也能增强头发的光泽感，让头发看起来更柔顺。

3. 烫发拒绝伤发

很多女性喜欢去烫头发，虽然可以让自己变美，但也会给头发带来一些不可避免的损伤，影响自己的发质健康。如果你想拥有一头漂亮的秀发，一定要坚持染烫有度的原则，好好爱惜自己的头发，尽量减少烫发的次数，烫发后也要加强日常护理。此外，还要注意远离小卷发，这种发型在中年女人中十分常见，虽然可以显得发量多，但扑面而来的大妈感十分浓郁，只有上了年纪的女人才会选择这种发型。

4. 选择合适的发型

对于女性来说，要想从细节之处体现自己的精致度和时尚感，认真优雅地老去，就需要注重发型对整体形象的重要性。因为发型是形象打造的"首要"工程，一旦发型不合适，再精美的妆容和穿衣打扮都挽救不了这种遗憾。所以，在选择发型的时候，质感应是重中之重，否则即使再时髦，也毫无优雅气质可言。

不管选择什么发型，目的都是把女性或成熟稳重、或温柔内敛、或甜美可爱的气质凸显出来。但是，对于一些夸张的发型，如果不是工作需要，则要慎重选择，否则会与自身的气质严重不搭。尤其是那种特别蓬松、层次很高的发型，会让整个头型过度膨胀，没有丝毫的美感，而且打理难度很大，一般人很难驾驭。

皮肤好，自带光芒

皮肤是女人美丽的衣服和自信的资本。如果一个女人拥有白里透红、光彩照人的皮肤，则会大大提升自信，也会获得别人更多的关注与认可。一个人的样貌来自父母遗传，我们并没有决定权，但是我们可以掌控自己的皮肤状况。为了让自己的皮肤更好，很多女性不惜购买和使用各种各样昂贵的化妆品。这些化妆品虽然可以帮助女性延缓衰老，看起来更加年轻，但是治标不治本，解决不了最根本的皮肤问题。女性如果想要皮肤好，让自己自带光芒，则一定要做到以下几点。

1. 保证生活作息规律

一是不要熬夜。现如今，女性的工作和生活压力非常大，很多女性不得不加班加点去提升自己，所以经常会有熬夜的行为。但是，熬夜对皮肤的损害特别大，不仅会让皮肤看起来暗淡无光、毛孔粗大，而且整个人看上去没有精神。

二是保证充足的睡眠。充足的睡眠会加速人体的新陈代谢，如果睡眠不充足，则会让人体的内分泌失调，皮肤也无法得到休养与调整，从而加速皮肤的老化，让自己看起来比同龄人更显老。

2. 养成健康饮食的好习惯

一是饮食清淡，尽量少油少糖。油炸或者辛辣油腻的食物不仅会影响身体的消化功能，而且会影响皮肤的状态，让皮肤容易长痘、毛孔粗大、暗沉无光。所以，日常饮食要注意多吃蔬菜和水果，少摄入糖分，蛋糕、甜品这些东西尽量少吃。因为长期摄入过多糖分，对皮肤状态的影响非常明显，会加速衰老。与此同时，还要少喝碳酸饮料、奶茶和加糖的果汁，如果实在想喝，就用无糖蔬果汁、豆浆、无糖黑咖啡等代替。

二是多喝水。补水对于身体来说非常重要。在通常情况下，成年人每天的基本饮水量应在2000毫升左右。体内水分充足，就会加速身体的排毒，从而让皮肤看起来更加细腻、有光泽。晨起还可以喝一杯蜂蜜水，一口一口唤醒身体和肠道。建议饭前喝一杯水，有利于增加饱腹感，控制食欲。

3. 加强皮肤的日常护理

一是注意防晒。对于女性来说，哪怕不化妆，也绝不能不防晒就出门，就算阴天也一样，时时刻刻防止紫外线对皮肤产生伤害。女性，不仅要做好物理防晒，外出携带太阳帽、太阳伞等防晒工具，而且不能忘记擦防晒霜。为了方便涂抹，可以随身携带一小瓶防晒喷雾，可以随时随地防晒。否则，被紫外线晒伤的皮肤容易出现晒斑、细纹等一系列皮肤问题。

二是注意补水。天气的变化对皮肤的影响很大，特别是在天气炎热或寒冷干燥的时候，女性要加强对皮肤的补水护理，日常的保湿也不能忽视。否则，皮肤会变得很干燥，容易起皮，看上去很糟糕。而充足的水分则会让肌肤状态看上去良好，不用特别化妆，也会显得气色很好，充满生机活力。

4. 养成良好的运动习惯

经常运动的女性看起来会更加年轻、有活力。因为运动可以增强身体的抵抗力，减少疾病的发生，也会让一个人的精神状态保持最佳，看起来精力充沛。特别是现如今一些经常坐办公室的女性，严重缺乏运动。所以，女性要养成良好的运动习惯，跑跑步，走走路，在促进身体排汗的同时，也有利于皮肤排毒，加速新陈代谢，看上去会更加年轻。而且运动还会让人保持心情愉悦，自然就不容易对不相干的人和事生气，也不容易长皱纹。所以，女性要想拥有好皮肤，就要多运动，让自己保持美丽的心情。

5. 远离错误的护肤行为

护肤是很多女性每天都要做的事情，护肤的态度认不认真、方法正不正确对皮肤的影响极大。因此，女性要懂得合理护肤，避免盲目跟风和过度护肤对皮肤造成伤害。

一是过度护肤会影响皮肤正常的生理功能。比如，女性都知道给皮肤补水的重要性，所以有些女性天天敷面膜，离不开各种具有补水效果的护肤品，这样不仅不会让皮肤变好，还会影响皮肤的排毒功能，让皮肤变得脆弱和敏感。还有些女性在洗脸后喜欢擦很多层护肤品，以为这样可以很好地保护皮肤，却不知道多次涂抹精华和面霜会加重皮肤的负担，让皮肤无法自由呼吸，很容易产生闷痘、红疹等问题。

二是过度清洁皮肤苦不堪言。女性无论是素颜还是化妆出门，在晚上入睡前都需要进行皮肤的清洁，但是一定不能过度清洁。如果每天都用去角质和清洁力强的角质膏或洗面奶，就会对皮肤的角质层造成损害，让皮肤变得更加敏感，所以适度清洁很重要。

▶ 美丽是一场修行

别让手暴露了年龄

女性一双饱满、修长、圆润的手,在和别人握手的时候,会给对方留下美好的印象。此外,在参加舞会的时候,一双柔软、光滑的手,也会使舞伴感到无比的喜欢。而且女性在站立的时候,纤纤十指仪态万千地握在身前,看起来也特别有淑女的风范。或者在走路的时候,一双白净、修长的手一摇一摆,看起来风情万种。这才有了我国第一部长篇叙事诗《孔雀东南飞》中的"指如削葱根,口如含朱丹;纤纤作细步,精妙世无双"和《诗经·卫风·硕人》中的:"手如柔荑,肤如凝脂,领如蝤蛴,齿如瓠犀",这两首诗寥寥几句就把女子温婉可人、容貌动人的形象跃然纸上。

事实上,相由心生,同样适用于女人的手。或精致、或沧桑,或润滑、或粗糙,都留下了岁月的痕迹,也代表着女性的生活和心境。随着人们生活水平的不断提高,绝大多数女性也加重了对手部的保养,在护肤品中除了眼霜、面霜、化妆水、化妆乳等针对面部的护理,也有了针对手部的护理霜,在注重面部护理的同时,也把手部护理当作重点。她们认为，手是要一直暴露在外的，如果不注意保养，则会暴露自己的年龄。

但手部护理并不是那么简单的事情。随着季节的变化，很多女性的手部也会出现干燥的情况。除此之外，在做家务的时候，也容易伤到手部的皮肤，比如洗衣服的时候会接触洗衣液、洗涤剂等化学用品，搬运和清洗也有可能伤到手部的皮肤。那么，该如何护理手部的皮肤，才能让它一直保持白白嫩嫩呢？学习一些手部护理的小技巧自然是必不可少的。

1. 清洁去角质

手是一个需要不停劳作的器官，不管我们做什么，都离不开手。所以手很容易受伤，而且皮肤也会变得暗沉，增生死皮。护理手部最关键的就是做清洁和去角质，还原手部的白嫩。主要方法就是先取下手上所有的装饰品，用清水和洗手液清洗之后，再将手部去角质乳霜涂在双手上，轻轻拍打按摩 10 分钟之后，手部的老旧角质就会完全脱落，呈现出健康自然的细腻色泽后，再用清水冲洗干净。

2. 经常按摩手部

通过适当力度的按摩，可以促进手部肌肤的血液循环，让手看起来更加柔顺；活化手部的细胞，让手部更好地吸收护理品。具体方法是把适量按摩精油倒在手心上，沿着手部到手掌、手指进行按摩，二三十分钟之后，擦掉就可以了。

3. 敷手膜滋润皮肤

接下来可以给手部做一个手膜，就是让手部在隔绝空气的情况下，更好地吸收营养成分。一般15分钟就可以取下手膜，再在手部涂上具有美白效果的乳液或者护手霜，轻轻按摩，让手部肌肤更好地吸收护手霜的营养。

4. 经常用温水洗手

在清洁手部皮肤的时候，要注意使用温水，而不是特别热或者特别凉的水，因为手部皮肤同脸部皮肤一样娇嫩。所以，一定要用温水洗手，这样才能将手部皮肤彻底清洗干净，而且不会对手部皮肤造成伤害。特别是在冬季，一定要注意这一点，否则手部皮肤很容易变得干燥。

5. 随身携带护手霜

由于手部长时间裸露在外，与空气接触，与外界的物体接触，使得手部皮肤变得特别容易干燥，需要时刻注意缓解这种情况。这就需要随身携带护手霜，特别是到户外的时候，需要不停地洗手，要及时涂抹护手霜，为手部皮肤随时补充水分，随时滋养。

6. 指甲修复不容忽视

护手也不能忘记指甲的护理。女性年纪越大，身体产生的油脂就会越少，指甲也随之变得干燥而容易折断或变黄。所以，要及时涂抹含凡士林基质的修复软膏，修复双手指甲的损伤，还可以防止手部脱水，从而使指甲更强壮、更富弹性。此外，美甲虽然是很多女性喜欢的护手项目，用专业的美甲工具美化，做出来的指甲看起来确实美观精致，但是由于美甲产品中含有很多化学物质，会给指甲带来一些伤害，所以美甲也要注意适度。

> 美丽是一场修行

妆容设计，淡妆浓抹总相宜

对于女性来说，化妆是一个发现自我和认识自我的过程，也是一个重新接纳自己的过程，可以给人仪式感。浓淡相宜的妆容能够扬长避短，把自身的美展现得淋漓尽致，不仅可以让女性增强自信，更加热爱生活，阳光洒脱，受人喜欢，还会给别人带来赏心悦目的美的享受。

美丽可以"妆"出来

有一位化妆师因为免费给一些农村女性化妆而迅速走红网络，那些农村女性化妆前后的变化令很多网友感到惊艳无比。这些农村女性一辈子都没有化过妆，从来不知道自己化了妆原来这么美。化妆师发现，这些女性其实对化妆很感兴趣，只是不敢轻易尝试，直到她们看到自己化妆后的样子，大都不敢相信自己的眼睛，感到特别欣喜。

俗话说，三分靠长相，七分靠打扮，女性的美丽可以"妆"出来，一点也不假。我们身边的很多女性都爱化妆，即便所谓的素颜，也要先涂个口红或者擦个隔离粉底再出门。这是因为女性都有爱美的天性，毕竟化妆前后会给人完全不同的感觉。而且不管多么漂亮的衣服，都需要一个相宜的妆容相匹配，否则衣服的美会逊色很多。化妆后的女性，眼睛看起来会更有神，皮肤也会散发出健康的光泽，笑起来更加闪亮耀眼，相比不化妆的女性，更容易吸引别人的注意力。可见女性化妆是非常有必要的，具体体现在以下几个方面。

1. 增强个人自信心

不得不说，化妆是一门艺术，无论是找工作还是谈恋爱，在各种各样的活动中都离不开化妆这门艺术。别小看这门艺术，也许你面试通过，正是因为你化了合适的妆容，看起来自信满满。也许你化了妆之后，就可以在重要的场合与重要的人面前留下非常好的印象；也许你化了妆之后，会变得更加自信，无论做什么都志在必得。所以，化妆在现代女性的工作和生活中发挥着非常重要的作用。也就是说，女性虽然有很多方面可以吸引他人，比如热情、自信和能力，但这些都不如一个按照自己的意愿来展现个人自信的女性更吸引人，而化妆就是这样的展现方式。

2. 提升女性整体形象

美国哈佛大学、波士顿大学的研究所做过的一项研究显示，化妆对于女性形象提升有重要作用。也就是说，女性化妆后给人的印象会是更有能力、更有吸引力、更亲切甚至更可靠，有助于提升女性生活的幸福感和职场的成功率。

事实上，化妆有助于提升女性整体形象的说法早已存在，只是没有专门的研究人员去做这项研究，所以一直没有证明化妆确实能够增加女性的可信赖度和亲切感。殊不知并不是女性需要表现自己的某些方面才需要化妆，而是女性可以把化妆当作一种工具来塑造自身的形象，从而在某种程度上影响他人对自己的判断。

3. 尊重别人

不管是出席活动、参加聚会，还是日常工作，适当地化妆是非常有必要的。比如某家公司的前台如果不化妆，看起来精神不振，则会让客户感觉这家公司很不靠谱。又如一个女孩去见一个男孩，却一点妆也不化，则说明这个女孩对这个男孩一点也不上心，不重视与这个男孩的见面。所以，很多女性都有一句口头禅，那就是要在出门前化个妆。甚至有人开玩笑地说，不化妆就是出去影响市容。虽然这只是一句玩笑，但表达的意思就是化妆之后会让别人有被重视的感觉，是一种基本的礼貌行为。

化妆虽然很重要，也可以使女性更具魅力，但除特殊场合，比如参加晚宴、大型聚会和演出活动，需要登上舞台外，在一些日常和普通的场合，女性要尽量化淡妆，很多企事业单位也规定女性要化淡妆。此外，化妆也不能太俗气，要与自己的长相气质相结合。比如，有些女性认为化妆就是粘个假睫毛、涂红红绿绿的眼影、涂厚厚的粉底等，这样化出来的妆非常浮夸妖艳，看起来有失稳重，也会拉低个人品位。所以，妆容清透自然才是最好的。

浓妆会令人变丑

浓妆是一些特别爱美的女性会尝试的一种化妆风格，以为这样可以加倍提升自己的美丽，还可以最大化修饰肤色和五官的不足，如果浓妆技术够好，甚至可以收到换脸的效果。但是，妆容并不是越浓艳、越精致越好看，只有选择适合自己气质的妆容才最好看，低调一点总没有错。而且浓妆除了给人用力过猛的感觉外，还会给皮肤带来伤害，女性本身的气韵都会被俗气感压制。

1. 脸色暗沉

化妆就是要让自己看起来更加吸睛，提亮肤色是首要目的，也会让脸部皮肤看起来更加均匀。但是，如果长时间大量涂抹一些带有提亮功效的粉底液、防晒霜，就会影响皮肤的健康，让皮肤变得暗沉无光，整个人看起来特别疲惫。在天气比较热的时候，也不适宜长时间涂抹过厚的底妆，会加重出汗出油等各方面的皮肤问题，进而影响皮肤的健康。

2. 加快衰老

经常化妆的女性都知道，大部分化妆品都含有或多或少的化学成分，如果脸部皮肤经常带妆，就会加速皮肤的衰老。特别是在紫外线比其他季节猛烈的夏季，紫外线会与化妆品中的化学成分产生反应，让皮肤看起来比实际年龄老很多。这就是在天气炎热的时候，很多女性的脸上容易出现皱纹、斑点的重要原因。可惜，很多女性意识不到是自己浓妆的原因，还单纯地以为自己防晒不到位。

3. 频繁长痘

很多女性平时喜欢化浓妆，觉得浓妆可以迅速提升自己的气色，底妆追逐白皙厚重，给人假白感，非常不自然。不少女性的皮肤会频繁长痘，其中一个重要的原因就是在涂抹过厚的底妆之后，皮肤不堪重负。但很多女性没有意识到这一点，继续化浓妆，导致毛孔频繁堵塞，皮肤喘不过气来就会长痘，严重的会反复发作，且越来越严重，随之而来的还有黑头问题。

妆容在修饰颜值、气色方面的效果很显著，但前提是浓淡相宜。在日常生活中，如果女性天天化浓妆，浮粉不说，还显得既夸张又艳俗。所以，女性尽量不要化浓妆，要以淡妆为主，既优雅又显气质。那么，如何才能做到呢？

1. 眼妆与底妆尽量轻薄

妆容虽然可以很好地修饰五官，但是一定要适度，否则会适得其反。对于皮肤干燥有卡粉现象的女性来说，轻薄的底妆更能修饰自然的肤色。而且在妆前一定要做好保湿和护肤，粉底和底妆要少量、多次、轻薄上脸，微微点缀一些腮红就会看起来有气色。眉眼也是化妆的重点，可以很好地凸显精气神，一点一点地加深修饰即可。太过浓艳的眼妆，如果化不好，不仅看起来很脏，还容易出现卡粉的现象。特别是眼周，尽量选择淡淡的内眼线，可以自然且不动声色地放大眼睛的轮廓。此外，淡色系的眼影晕染还可以减轻眼部的浮肿。

2. 唇色与头发颜色要匹配

如果女性不经常化妆，头发也保持自然色，那么只尝试淡淡的粉底就可以了，再涂一个显气色的口红，看起来就会精神不少。但是，有些女性的头发染着很明显的颜色，还要再涂一个大白脸和一个夸张艳丽的唇色，看起来会显得特别浓艳，与沉稳、典雅和清新一点也不沾边，毫无美感。

3. 妆容与服饰要呼应

妆容除了要和头发颜色相匹配外，还要与日常穿搭相匹配，避免出现妆容与穿搭争奇斗艳的效果，全身上下缺失了美的重点。尽量做到颜色素雅的衣服搭配精致的妆容，能给人既高级又时髦的感觉。比如，某明星在出席活动时，只穿了一条黑白配的裙子，有高腰和立领凸显身材，浓淡相宜的妆容也为她增色不少，看起来优雅大气，还不失气质。此外，很多女性喜欢旗袍造型，旗袍大多比较艳丽，修身的剪裁搭配绣花、印花、缀珠、亮片的装饰比较多，此时的妆容就不宜太过浓艳，淡一些才更有韵味。

再漂亮也尽量淡妆

一个女人最让人赏心悦目的从来都不是漂亮的服装，而是清新自然的妆容，因为脸通常是最先被人看到的。对于很多女性来说，学会化妆已经成为步入社会的一项重要技能。事实上，越来越多的女性在高中或者刚进入大学的时候就已经学会了化妆。虽然化妆的步骤很多，也比较麻烦，但可以快速把自己最美的一面呈现出来，进而赢得更多人的关注与尊重。下面介绍一下化妆的步骤。

1. 妆前保湿

如果时间充裕，那么最好在化妆前敷一个补水面膜，或者直接用保湿水或精华为肌肤补充一下水分，只有肌肤水分充足了，上妆才不容易出现卡粉脱妆现象，妆容与肌肤更服帖。一些小分子的纯露也可以进行湿敷，极易被肌肤吸收，补水效果也很好，特别适合在妆前使用。

2. 妆前打底

使用妆前乳打底已经成为很多女性化妆的一个重要步骤。这一步非常有必要，特别是那些肌肤没有那么光滑、毛孔不太细小的女性，涂上妆前乳之后，可以很好地将这些缺点和不足隐藏起来，让底妆看起来更加服帖自然。

3. 涂抹 BB 霜

在上底妆的时候，建议大家使用气垫 BB 霜，这样上妆会很快，比全脸涂抹的效果要好得多，且非常容易涂抹均匀。而且气垫 BB 霜可以随身携带，补妆也很方便。注意，在涂抹 BB 霜的时候，先从面部中间开始涂，再往周围涂，这样整个底妆既好看又自然。气垫 BB 霜通常质地轻薄，不卡粉，还有遮瑕的效果，让人感觉持久透气，是打造伪素颜的好工具，让人看不出来擦了粉，底妆服帖且不易掉妆。

4. 局部遮瑕

几乎每个女性的脸上都有问题和不足，如雀斑、痘印、痘坑、黑眼圈等，专门准备一款遮瑕膏才是最佳选择。在使用的时候用刷子或指腹在有瑕疵的地方轻轻拍打，就能将其轻松遮盖。特别是面部有明显瑕疵，有黑眼圈、痘印、雀斑的皮肤，使用遮瑕膏效果很明显。比如，现代女性工作繁忙，经常会加班熬夜，如果出现了黑眼圈，为了不影响第二天的美观，使用遮瑕膏就是不错的选择。

5. 描画眉毛

眉毛画得如何会直接影响妆容，所以，虽然是淡妆，也不能忽视对眉毛的修饰。可以根据自己的脸型画出适合的眉形。如果脸偏大，那么，在画眉毛时，可以把眉毛拉长一点，再用眉刷梳理均匀，这样看起来会更加有形和自然。

6. 涂抹眼影

对于化妆新手来说，如果只是化淡妆，那么不建议画眼线，不仅浪费时间，还特别容易晕染，不妨试试用眼影点缀眼睛，这样眼睛会看起来大而有神。大地色比较适合东方人的皮肤和气质，适合大部分的日常生活场景，任何肤色、脸型都能驾驭，可以满足绝大多数女性多种妆容的需求，画好后，会让妆容看起来干净、自然。

7. 及时定妆

时常看到一些女性化妆后脸部出现油光，大大影响了妆容的效果，还显得整个人邋遢许多。其实出现这种情况只是因为女性忘记了最后的定妆。定妆只需用粉扑蘸取适量散粉，对折揉匀，之后在眼角、T字部位、嘴角这些油脂分泌旺盛的部位均匀按压肌肤，这样皮肤分泌出来的油脂就能直接被散粉吸收，肌肤摸起来也更加光滑，再也不会泛起油光。

8. 点涂口红

不涂口红绝对显现不出女人味，这一步很关键，因为红红的嘴唇既好看又诱人，还会给女性增添不少气色。在涂抹口红时要从唇部内侧向外涂，不必全部涂抹，只需涂抹中间部位就可以了，之后用指腹轻轻将其抹开，这样涂抹出来的唇色很自然，且带有雾状感。当然，要选择滋润度较高的口红，不仅显色度高，而且会让嘴唇一整天保持温润。

由此可见，淡妆就是女性快速出门的"美丽秘籍"，哪怕只有五分钟，精致女性也不会让自己蓬头垢面、油光满面地走出家门，她们可以在最短的时间内轻松搞定一个淡妆，让日常出门无时无刻不精致美丽。也就是说，淡妆没有复杂的步骤，也不需要过分讲究细节，是专为赶时间的女性准备的，可以在最短的时间内实现容光焕发。

▶ 美丽是一场修行

六个细节要注意

爱美之心，人皆有之。现如今，化妆品已经非常普遍，越来越多的女性都在使用，并成为提升自己颜值的重要工具。但有人认为，化妆品中的化学物质含量高，每天化妆会对皮肤产生一定的刺激，不利于皮肤的健康。那这种说法正确吗？如果你想知道答案，那么不妨先从了解化妆品的分类开始。

化妆一般分为两种：基础化妆和重点化妆。基础化妆是指对整张脸进行基本的修饰，先进行清洁、滋润、收敛、打底和定妆等，再对眼睛、睫毛、眉毛、脸颊、嘴唇等五官的细节进行修饰。而重点化妆是在基础化妆的前提下，涂眼影、画眼线、刷睫毛、涂鼻影、擦腮红、涂唇膏等，可以进一步增加脸部的美丽感和立体感。通常根据场合选择采用哪种化妆方法。基础化妆适合各种场合，而重点化妆适合比较隆重的场合。

至于化妆会不会伤害到皮肤的健康，只要注意以下六个细节，就不用担心了。

1. 小心化妆品成分

一是化妆品中的光敏感物质，涂抹了这样的化妆品后再在阳光下暴晒，就会引发皮肤的炎症反应。二是化妆品中的人工合成化学物质，比如香料、色素等，很容易引发神经性皮炎和瘙痒等问题。三是化妆品中的重金属，如铅、铬、钼、镉等物质，如果长期使用，会在体内形成沉淀，引起皮肤中毒反应。四是油性太大的化妆品，油脂长时间暴露在空气中，会吸附空气中的灰尘，灰尘堆积就会引发汗腺口和毛囊口堵塞，造成细菌繁殖，引发痤疮和毛囊炎。但是，也不要过度妖魔化化妆品。事实上，只要化妆品成分符合国家标准，且正确地使用，是不会对皮肤造成损害的。

2. 慎重挑选隔离霜

隔离霜的作用就是能够隔离皮肤与彩妆，不让彩妆直接伤害皮肤，而且会让皮肤更加丝滑滋润，让上妆更加均匀，有效防止脱妆。其他的霜剂不能替代隔离霜，因为隔离霜含有一些非油脂又属高脂溶性的成分，可以增强彩妆的延展性与附着性。

3. 功能兼顾防晒很重要

很多女性会把防晒的重任寄托到防晒霜上，以为只有防晒霜可以阻挡紫外线。事实上，除了防晒霜，彩妆也可以防晒，所以在兼顾化妆品功能的同时，也要考虑彩妆的防晒。比如唇部防晒，防晒霜是做不到唇部防晒的,如果口红可以防晒,就能够很好地解决这个问题。因此,具有防晒呵护作用的彩妆产品显得十分重要。专家建议,在选择防晒彩妆的时候,注意SPF值不要太高,SPF15最合适,这个数值就可以隔离90%以上的紫外线,而且不会给肌肤带来其他负担。

4. 不能刺激眼睛

许多眼科专家提出过严重警告:避免将眼线画在睫毛线以内过于靠近眼球表面的部位。这样做可能会不小心伤害到眼睛,而且画眼线的工具或用品也可能因无意间接触到眼球表面而造成感染。从彩妆效果的角度来看,画在睫毛线以内的眼线根本起不到实质性作用,因为它太靠近眼睛了,反而会让眼睛看起来更小,而且眼角也容易沾染残留的眼线用品。

5. 睫毛上妆要打底

虽然睫毛膏涂得越多,睫毛越长,越能彰显眼睛的魅力,但是太过厚重的睫毛膏会给眼睛带来很重的负担。与此同时,睫毛膏内的染色物质对睫毛的鳞片也会造成伤害。因此,在涂睫毛膏前最好先用睫毛专用保养品打底,这样不仅可以保护睫毛的鳞片,还可以让睫毛在摩擦时不受外力的伤害,更好地呈现漂亮的弧度,而且睫毛膏不易晕染。

6. 经常清理化妆包

化妆包需要经常清理,可以减少污染,把化妆品对皮肤潜在的伤害降到最低。一是扔掉那些持久性比较好的唇膏，虽然显色效果好，但也会使嘴唇更加容易干燥起皮，尤其是在秋冬季节。二是淘汰使用超过两年的化妆品，以及有刺鼻异味的化妆品。三是扔掉掉毛的刷子、用旧的粉扑或海绵等，有些眼影的色彩已经过时，不是太淡就是不显眼，也要及时淘汰。四是慎重使用含有强烈亮光成分的化妆品。

不要触碰这些化妆禁忌

完美的妆容可以唤醒女性心理和生理上的活力，让女性更加自信，更加精神焕发，看起来更加年轻。但是，并不是每个女性都会给自己打造完美的妆容，因为化妆也有很多禁忌，并不是想怎么化就怎么化。下面这些化妆的禁忌，一定不能轻易触碰。

1. 粉底不要涂太厚

虽然有"一白遮百丑"的说法，但是，如果涂得脖子与脸的颜色差别太大，那可是化妆的大忌，那样的妆化出来就像戴了一个面具。此外，发际与嘴角处的底妆也要涂抹均匀，否则很容易出现卡粉和厚妆的现象。可以先把粉底涂在手肘内侧，再涂在脖子与脸颊的交界处。

也可以直接把粉底涂抹在脖子与脸颊的交界处，用镜子在亮光下照一下，看看颜色是不是很自然。

2. 睫毛膏要有防水功能

睫毛膏要选有防水和防晕染功能的，这样即便遇到流泪、下雨、不小心揉眼睛等情况，也不会毁掉好不容易化好的妆。在卸妆时，睫毛膏一定要清洁干净，否则会影响睫毛的健康，让睫毛变得容易断裂和掉落，不但不能变美，还会适得其反。

3. 眉毛不是一条线

画眉毛，不是简单粗暴地只画一条线就可以了。很多化妆新手经常是只画一条线，又奇怪又好笑，不会让自己变美，反而会把自己变丑。女性要根据自己眉毛的情况，认真地、一根一根地画。可以先用眉笔以45°角画出，然后用眉粉晕染一下，营造出眉毛自然、逼真的效果。

4. 补妆从T字部位开始

T字部位是比较容易出油出汗的部位，因为这些部位的毛孔比较小，角质也没有脸部其他部位的角质厚度，所以在补妆的时候要从T字部位开始，而不要从两颊开始。T字部位要根据出油出汗的情况，重点涂抹。而两颊则少量涂抹，不要涂得太多，否则看起来妆特别厚。

5. 经常清洗化妆工具

在化妆的时候，如果发现还没有涂两下眼影就显色了，而且不是当天自己用的颜色,或者粉扑已经发硬,不贴合皮肤了,就应该清洗这些化妆工具了。有些女性从入手化妆工具开始,可以一直用到化妆品用完,根本没有清洗化妆工具的概念,这样不仅会影响化妆的效果,使用起来也不顺手,还会给皮肤带来健康隐患。从不清洗的化妆工具很容易滋生细菌,让皮肤产生炎症或长痘。

6. 遮瑕膏使用有技巧

当你发现自己脸上长了雀斑、痘子、黑斑,或者熬夜出现了黑眼圈时,恨不得马上让它们消失不见。确实,如果脸上有了这些东西,不仅不好看,而且妆容的精致度也会受到影响。所以,遮瑕膏成为很多女性化妆台上的常客,但在使用的时候要十分小心。一是色彩的选择。如果瑕疵不太明显,那么遮瑕膏的颜色不能太深,越自然越好。而且为了显得更自然,在瑕疵周围也要涂一涂,过渡一下颜色。二是针对大块颧骨斑,在使用遮瑕膏的时候,最好与粉底液调和一下,这样涂出来的效果比较自然,也不会产生色差。

7. 脸上色彩只突出一处

很多化妆新手总是迫不及待地尝试将各种色彩涂在脸上,化出来的妆像圣诞树一样,花花绿绿的,什么颜色都有,看起来没有一点美感。事实上,化妆和衣服搭配是一个道理,在眼睛、双颊与唇彩当中要选一个重点和焦点,突出一处就可以了,不用全部突出,千万别贪心,

▶ 美丽是一场修行

否则会适得其反。记住,腮红和唇彩最好淡一点。如果没有太多时间化眼妆,就可以忽略,用艳丽一些的唇彩,也可以看起来精神百倍。

8. 眼线与唇线要自然

在化妆的时候,一定要注意眼线与唇线,这两条线千万不能乱画。在画眼线的时候,要沿着睫毛根部,不要留有空隙。在画唇线的时候,不要故意把唇画小或画大,而要让唇线与自己的唇形接近,这样会比较自然。

日常健身，自律和坚持的勋章

村上春树说：肉体是每个人的神殿，不管里面供奉的是什么，都应该好好保持它的强韧、美丽和清洁。对于女性来说，要想保持身体的美丽、强韧，最简单也是最直接的方式就是加强日常健身。但真正的健身不是"三天打鱼，两天晒网"，而是要长期坚持和自律。

美貌与身材并存

一位作家在回忆自己母亲的时候，说自己特别佩服一个老太太，年近九十，每天早晨起来，脸上擦上一层淡淡的粉，然后才走出卧室的门，几十年如一日，从来不素面朝天。而且她对于饮食也非常节制，身材保持得很好。哪怕耄耋之年，老太太看起来精神非常好，活得太精致了。

▶ 美丽是一场修行

长得漂亮是优势，活得漂亮才是本事。事实上，我们身边不乏这样的女人，在岁月面前，她们的魅力没有减少反而增长，也变得越来越有韵味。即便素面朝天，也能轻易在人群中脱颖而出。她们在意的不仅仅是容颜，还有身材，二者同样重要。也许她们并非天生丽质，但是她们愿意花更多的时间去管理自己、经营自己和雕刻自己，而好的身材也会给她们带来不一样的美丽和魅力。

1. 好身材就是好衣架

准确地说，是好的身材对于每一个想把衣服穿好看的女性来说都至关重要。娱乐圈里的女明星个个非常在意自己的身材，为了保持身材可谓煞费苦心。因为好的身材不仅穿衣服特别好看，而且能够轻松驾驭各种有难度的衣服，把自己的万种风情演绎得淋漓尽致。

2. 好身材能够提升颜值

"一白遮百丑，一胖毁所有"，这句话说得一点也不错。虽然那些女明星的气质不同、样貌不同、皮肤不同、体态不同，但是她们都有一个共同的特征，就是身材刚刚好，不是特别瘦，也不是特别胖。这直接反映了女性身材到底有多重要，所以才有了"背影杀""漫画腿"这样的标签存在。好身材确实会让女性的整体颜值提升一个档次，在视觉上造成强烈的冲击。

但好身材都是靠自律和坚持得来的。可惜，很多女性的工作和生活压力越来越大，投入在身材管理上的时间越来越少，加之缺乏有效的身体锻炼，随着年龄的增长、肌肉量的流失、基础代谢的下降，越来越容易囤积脂肪，最终导致身材严重变形。所以，女人对身材的管理不应只停留在一时的胖瘦管理上，而是对自我提升的习惯与态度，一种让自己不停地向着理想状态靠近的自律。

演员张天爱在一次节目中给观众留下了深刻的印象。在节目一开始，她就说自己是特别容易胖的体质，要想保持身材，只能控制饮食和加强锻炼。所以，她经常利用碎片时间进行锻炼，每天一睁开眼睛会边刷牙边做几个伸展动作，忙碌一整天之后又一边卸妆一边做几个瑜伽动作，在敷面膜的时候也要做暖身运动。有一次，她给所有的工作人员都点了外卖，但是当别人都开始吃的时候，她却一点也不碰。大家都劝她吃一点，她拗不过，小心撕掉炸鸡的外皮才吃了一小口。结果，当天她就给自己加了半个小时的运动量。她让观众看到，好身材是需要付出努力的，而不是轻易得来的。

很多人质疑张天爱对自己太狠了，她却说，如果现在对自己不狠，那么十年之后，最先衰老的就是自己。有人问她：现在的状态相比十年前的状态如何？张天爱说：感觉现在的状态比十年前的状态更好了。可见，她的美丽是用一滴滴汗水、一次次健身、一天天自律换来的，这样的美丽更长久，也更踏实。

由此可见，保持身材对于女性来说非常重要，是通往美丽的必经之路。我有一个朋友，虽然身高只有160厘米，但是10年如一日，身材一直保持着纤瘦，还有美丽的线条。好身材让她穿衣服很漂亮，加上她本人的大胆尝试，她的许多造型都很经典，身边的朋友没有一个人比得过她。反观一些人，由于后天的身材管理欠佳，许多漂亮衣服穿在身上画风大变，最终沦为群嘲的对象。

所以，好身材不仅仅对于女性，对于任何人来说都非常重要，不亚于美丽的容貌。因为好的身材管理会很容易给人留下"你很自律，你很靠谱"的印象。所以，为了保持好身材，爱美的女性还是加强健身吧。

日常健身的五点建议

女性的身材到底有多重要？有一个数据可以说明，那就是身材的美可以占据女性整体美的70%。把自己的身材保持好，或者改变自己现在状态不好的身材，已经成为很多女性的头等大事。所以，近年来，健身房已经不再是男性的专属空间，越来越多的女性开始进入健身房锻炼。

但是，在日常的健身活动中，男性和女性是有一些区别的，因为健身的目的不同。对于男性来说，希望自己能够变得更加壮实、健美和魁梧；而女性则想让自己更加苗条，更有线条感。所以，女性健身更强调塑形，而不是增肌或者力量。那么，如何才能通过健身进行有效的塑形训练，练出曼妙的身材曲线呢？下面的五点建议就涵盖了女性健身的重点。

1. 把减肥当作健身的主线

在健身的过程中，我们经常听到很多健身术语，比如增肌期、减脂期等，这些术语对于男性健身者和健身专业玩家比较适用，因为他们需要更多的肌肉量，如果不关注这些指标，就不会达到其想要的健身效果。但是，对于日常健身的女性来说，不用刻意关注这些指标，可以把减肥作为健身的主线，只要能瘦下来，身材就会好看起来。

有些女性想先练肌肉，再慢慢瘦下来，认为这样会更健康、更好看。其实，这样做是没有效率的，女性长胖非常容易，但是增加肌肉量却不容易。那些通过增肌期增加的肌肉，到了减脂期也会跟着流失。还不如常年保持低体脂率，再一点点增肌，这样效果会更好。特别是那些激素水平差、易胖体质或者养成了易胖生活习惯的女性，更要注意这一点。

2. 训练频率不是越高越好

女性的身体有自身的特点，恢复能力和肌肉量都相较男性为少，在进行一次训练之后,需要很长时间才能恢复正常。所以,训练频率不能太高,通常一周进行四次训练就可以了。当然,如果训练强度比较低,只是在家里进行简单训练,或者小强度训练,那么训练频率高一点也没有关系。但也要结合自己身体的实际情况,不能一味追求频率,避免运动过度带来的身体损伤。那些专业健身的女性经常关节疼或者腰疼,就是因为训练频率太高。

3. 重点进行臀部训练

大众对女性身材的审美不是一身的肌肉,看起来很健美,而是凹凸有致的玲珑曲线。而要达到玲珑曲线,腰、臀、腿要成一定的比例,这就需要重点进行臀部训练。有些女性虽然看起来不胖,但是感觉身材一般,没什么看点,就是因为臀部不饱满。所以,女性日常健身要着重进行臀部训练,可以选择深蹲、硬拉、臀桥等动作。通常一周可以进行两次臀部训练,而且完全不用担心腿会变粗,因为只要臀部够饱满,腿就不会显得很粗。

4. 无须追逐更高的负重

女性健身不能一味追逐更高的负重,因为对于女性而言,身材比例更重要,小负重就可以达到这个效果。与此同时,大负重的训练对关节的损伤会比较大。所以,女性健身不能追逐更高的负重,但是可以追逐更多的组数、次数及训练时间。尤其是在臀部塑形阶段,大重量训练更容易导致腿变粗。

5. 不要忽略核心力量

女性健身虽然强度不能太高，但是由于身体结构的特殊性，受伤概率要比男性高得多。因为女性在运动协调性、反应速度等方面处于弱势，所以，女性健身要特别注重核心力量的训练，比如平板支撑、熊爬等。在女性日常健身初期要多进行核心力量训练，这样能够有效增强运动能力，进而避免不必要的受伤。但是，很多女性为了让自己的腰身显得更细，常年佩戴束腰带。她们在进行核心力量训练的时候，认为束腰带也能起到一定的辅助作用，殊不知这样做会对身体造成很大的伤害，除非必需，不要经常佩戴束腰带。

越自律，越美丽

所谓自由，不是随心所欲，而是自我主宰。

这是康德说过的一句话，同样适用于女性的身材管理。越自律，越有掌控权，身材和人生都是如此。

美丽是一场修行

秦秦最近又升职了，听到这个消息，秦秦身边的朋友已经麻木了，这些年来，几乎每隔几年就会听到有关秦秦的一个好消息，因为她在变优秀的道路上从来没有停止过自己的脚步。很多人只知道秦秦活得精彩，变得越来越优秀，都纷纷感叹她的运气太好了，其实并不是因为她的运气好，而是因为她特别自律，付出了很多努力。这些年来，秦秦每天早上不到5点起床晨跑健身，6点去公司准备一天的工作，8点开始正式工作，下班后要么去参加各种培训，要么学习一些工作上用得着的专业技能。她从不玩游戏、刷剧，也不熬夜，晚上11点前准时睡觉。这种超级自律的生活方式，对于普通人来说，能坚持一天、一周已经很不容易了，如果要坚持一年以上，甚至好多年，需要的毅力就相当大了。

所有的懒惰、放纵、自制力不足，根源都在于认知能力受限。也就是说，越是自律的人，其认知能力也会越强，而女性之间身材的差距就是这样一点点被拉开的。所有美丽与成功的背后一定有着不为人知的努力与汗水。所以，爱美的女性想让身材变得更好，就要强迫自己自律，长此以往，一定会活成自己喜欢的样子。遵循以下几点，就可以很好地自律，对身材进行有效的管理。

1. 规律饮食

对于饮食要严格控制，遵守和养成"早吃好、午吃饱、晚吃少"的饮食习惯。其中要特别注意的是晚上，少吃是关键。因为如果晚上控制得不好，那么一整天的努力就白费了。而且早饭一定要吃，还要讲究营养搭配，因为不吃早饭的人很容易发胖。

2. 饭后散步

臀部和腹部是很多女性容易肥胖的部位，这些女性有一个共同的特点，就是不爱运动，长年累月地坐在办公桌、电话和电视前，一坐就是一天。多余的热量消耗不掉，就会转化成脂肪沉积下来，变成臀部和腹部的赘肉。所以，最好养成饭后散步的习惯，快步走半个小时以上。

3. 定期运动

每周可以做一两次力量训练，比如每周做两次15分钟的举重练习，这时所消耗的卡路里是等量脂肪的9倍，这意味着即使你什么也不做，每天都能额外消耗一些热量。此外，也可以做仰卧起坐，但要注意脚要抬高，高于身体水平，双手放在身前，确认膝盖、大腿和身体呈90°夹角，这些小运动都可以帮助你远离臀部和腹部的肥胖。如果时间充裕，也可以做慢跑、散步、健身操、瑜伽、广场舞等简单的运动，通过肢体活动来加快血液的循环，增强基础代谢能力，让体重保持在合理的范围之内。

此外，对于一些容易引发肥胖的吃饭小细节也要格外注意。一是远离让你发胖的食物。女性随着年龄的增长，身体的基础代谢速度会越来越慢。为了防止发胖，一定要在饮食上做一些调整，在保证营养的基础上，远离变胖的源头。比如甜点、饮料、蛋糕、肥肉容易让人发胖的食物最好不要碰，绝不能成为日常饮食。二是要控制饭量。女性一定要对饮食有所节制，不能看见喜欢吃的就大吃特吃，或者怕食物浪费而硬撑着吃完，这样只会让自己摄入过多的热量。但绝不能刻意节食，必须保证每天的营养，可以少食多餐，这样既能满足营养需求，又有利于减肥。三是要多喝白开水。充足的水分可以有效保证每天的基础代谢，有利于促进体内各种废物、毒素的排出，身体就不会那么容易发胖。所以，女性不管工作和生活多么繁忙，一定不要忘记多喝水。四是吃饭的时候多嚼几下。不管吃什么，都要记得在嘴里多咀嚼，吃一口至少要咀嚼十次，这样不仅有利于消化和吸收，而且能够防止摄入过多的食物，对控制身材能够发挥很大的作用。

练得好，更要吃得好

女性要想通过健身管理保持身材并不是一件容易的事情。除了健身外，还要注意日常饮食。如果能够规划一份科学实用的健身食谱，那么健身可以收到事半功倍的效果。女性在健身的时候吃哪些食物会比较好呢？在这里向大家推荐如下食谱，这都是按一日三餐的标准制订的。

1. 早餐

在健身期间，早餐可以喝250毫升的牛奶，再加上一个鸡蛋和50克左右的麦片。足够的蛋白质摄入可以让身体充满能量，一上午都活力满满，工作起来精神抖擞。

如果早餐是在8点左右结束的，到中午12点会感觉有点饿，中间可以加餐。在10点左右的时候，可以吃一个水果，或者两个蛋清，再加上一点蔬菜。水果首选苹果，但量不能过大。蔬菜建议用蒸或者煮的方式进行烹饪，减少热炒，可以有效减少油脂的摄入。

2. 午餐

午餐可以吃一些瘦肉，加上由大米、小米、黑米和紫薯等粗粮做成的米饭，以及200克左右的水煮蔬菜。

吃完午餐之后，可以适当午休。在下午感觉饿的时候，可以适当加餐，比如可以吃一点麦片、一小根香蕉等，有助于能量的补充。

3. 晚餐

一般在晚上7点半到8点左右吃晚饭。这时候，因为劳累了一天，也做了一些健身运动，所以会感到疲乏，可以吃50克的杂粮米饭，外加75克左右的瘦肉和200克左右的蔬菜。但要注意的是，在吃完晚餐之后，就不要吃夜宵了，这时候最考验一个人的毅力和决心。

健身期间的饮食也有一些小的注意事项。

1. 大量补充水分

补充水分对于健身非常重要，一定不要在感觉自己渴的时候再去喝水，而要时不时地喝水。而且一次性喝水的量不要太大，健身中途更要注意，不能觉得口渴就猛喝水，这样对身体会有损害，也不科学。

2. 注意烹饪方式

在健身期间不管吃什么食物，都要注意烹饪方式，对于油、盐和其他调料都要控制量，千万不要放得太多，只要感觉有滋味就可以了，过油、过盐、过辣都是大忌。

3. 适量补充蛋白粉

女性在健身之后，可以适当补充蛋白粉，或者吃一些水果。在健身过程中会因为剧烈的运动而大量消耗血糖，所以需要及时补充能量，有助于体力的恢复。

还要注意的是，日常健身的饮食要与日常健身的时长相挂钩。如果在一天之内健身的次数比较多、时间比较长，就意味着身体的热量消耗也很大，那么在饮食规划中摄入的热量就要比平时多一些。

女性在健身期间一定要注意忌口，因为如果不注意这个细节，那么再努力健身也只是徒劳。为了达到较好的健身效果，女性在健身期间绝不能摄入以下食物。

1. 加工过的肉制品

很多女性喜欢吃一些加工过的肉制品，觉得它们很美味。但是，对于健身的女性来说，这些肉制品属于高脂肪的食物，如果在健身之后食用，身体很快就会吸收这些食物的热量，造成摄入量超标，影响健身的效果。

2. 含糖分的饮料和果汁

在健身的时候，人们会大量出汗，很容易口干舌燥。很多女性喜欢在健身之后喝一些含糖分的饮料和果汁，这种做法极其错误，会在很短的时间内让血糖升高，打乱身体本来的新陈代谢速度，进而影响身体的健康。

3. 精细的谷物食品

精细的谷物食品内大都添加了很多糖类和调料等添加剂，摄入之后，热量会很高，而且会给身体造成负担，最终影响健身的效果。

此外，很多女性在健身的时候想要增加肌肉量，这时不妨多吃一些酸奶、橄榄油、煮鸡蛋等食物，有助于肌肉的增长。

1. 酸奶

酸奶是蛋白质和碳水化合物的最佳组合，有利于健身后的身体恢复及肌肉的增长，而且可以有效减少运动后的蛋白质流失。

2. 橄榄油

橄榄油中含有单不饱和脂肪酸，比纯食物含有更多的自由基清除剂——维生素 E，这是一种抗代谢分解的营养素，更有益于健康。

3. 煮鸡蛋

鸡蛋是优质的蛋白质来源，它也是所有食物中蛋白质含量最高的，但注意不要吃得太多，两个鸡蛋就能满足一天之内肌肉增长所需的热量及蛋白质。

五个动作打造迷人曲线

"环肥燕瘦"，每个女性的身材曲线都有所不同。新西兰的一项研究显示，男性只需一瞬间，就能判断异性是否具有吸引力。完美的女性身材，腰臀比值应为 0.7，而且有 6 种身材曲线最具有魅力。那么，是哪 6 种身材曲线呢？

1. 柔软妖娆

理想中的女性身材应是身形比较圆润，且凹凸有致，并不是现在流行的骨感美，而是骨头上有点脂肪，这样会显得光滑圆润。

2. 平坦的小腹

腹部对于女性的身材来说是性感的地方，一个小腹有赘肉的女性，无论长相如何有吸引力，都会让人觉得美中不足。而平坦有力的腹部，无论穿什么衣服都会给美丽加分。

3. 挺翘的臀部

对于现代女性来说，挺翘的臀部和纤细的腰就是极致的身材美。一位墨西哥美女仅凭两张照片就让自己坐拥百万粉丝，而其最大的魔力就是拥有挺翘的臀部。

4. 修长的双腿

纤细紧致的美腿是每个女性追逐的梦想，甚至被视为女性的第二张脸。很多女性第一眼被注意到的除了脸就是腿，这足以说明腿部线条的重要性。但双腿受先天遗传的影响，并不是每个女性都能梦想成真的。想要练出腿部的完美线条，就要刻苦进行健身训练，毕竟腿部脂肪比较多。

5. 流线型的背部

女性背部的上半部分窄下半部分较宽。流线型的背部更能凸显臀部的外翘和胸部的前挺。比如，在一则香水广告中，某影星身穿晚礼服，以白皙、玲珑的背部示人，万千风情一览无余。

6. 纤细的脖子

女性细长、锥形的脖子与男性粗短的脖子形成鲜明的对比。不少画家喜欢以细长的脖子来突出女性美。所以，女性也不能忽视颈项间的美丽。

颜值是天生的，拥有迷人的曲线则需要持续不断地健身，需要付出汗水，也需要平时的自律。但有一点可以肯定，女性身材的曲线绝不是靠节食打造出来的，而是靠健身练出来的，而且要讲究方式方法。每天五个动作可以帮助女性塑造迷人的曲线。

1. 站姿前倾

通过提拉的动作可以强化紧实背部肌肉，改善身体姿势和平衡，让女性更有信心穿露背装。

在做这个动作的时候，身体站立，两脚与肩同宽，一手握一个哑铃；上半身向前倾，背部挺直，让两个哑铃随着重力自然下垂；胳膊肘紧贴身体两侧向上和向后弯曲，感受到后背有夹紧的感觉；回到初始位置，重复15次，每天做3组。

2. 伏地不动

伏地不动，保持静止，能够让全身肌肉保持稳定，让全身都得到锻炼，尤其能瘦腰腹，目的是抵抗重力和身体弯曲。做这个动作的过程很煎熬，因为腹部肌肉和背部肌肉支撑着骨盆和肋骨之间的下脊椎，所以健身效果非常明显。一组伏地不动需坚持1分钟，每天做3组。

3. 反向劈柴

这个动作可以最大化提高身体的新陈代谢，尽可能多地调动身体的肌肉。在做这个动作的时候，双手举一个实心球或者哑铃，在下蹲的同时把球移到右下方，在向上站立的同时把球移到左上方，然后换个方向重复练习 15 次，每天做 3 组。

4. 负重深蹲

载重健身可以强化肌肉和骨骼，加快身体的新陈代谢。臀部和腿部的肌肉是身体最大的肌肉群，载重健身能够加快这部分热量的燃烧速度。具体方法是：两手握着哑铃置于身体两侧，弯曲膝盖和大腿向下蹲，仿佛背后有一把无形的椅子，背部保持挺直，再慢慢回到初始位置。每组动作重复 15 次，每天做 3 组。

5. 侧步上下

侧身训练是一种侧步上下的运动，可以让大腿内外侧、腹外斜肌和臀部侧面的线条变得更好看、更流畅。除此之外，该动作还能提高身体的平衡和协调能力，增加新陈代谢所需要的有氧成分。在做这个动作的时候，右脚侧面踩上梯板，然后抬起左脚到梯板，右脚同时放到另一侧的地板上，换左脚再做一遍，做足 10 分钟。

▶ 美丽是一场修行

仪态优雅，一个女人最好的风水

我们经常看到这样的女人：她们或许貌不惊人，但一颦一笑都极富韵味，在任何场合都给人一种优雅自如的印象。也许有人会说这是因为饱读诗书，或穿衣得体。但除此之外，还有一个重要的原因，那就是仪态，它对于提升女性气质至关重要。

告别糟糕的坐姿、站姿和走姿

很多女性在生活中都存在不良的坐姿、站姿和走姿，这些不良的姿势会严重影响自己的形象，美丽和优雅会大打折扣。这些不良的姿势主要有以下几种。

1. 站不直

很多女性在站立的时候，可能是因为经常穿高跟鞋，站得久了容易产生疲累,所以站一会儿就喜欢歪着站、靠着站,缓解一下疲累。这种站姿不仅不好看,还会影响到健康,容易腰酸背痛。

2. 爱含胸

现代生活节奏比较快,人们不管干什么都是急急忙忙的样子。很多女性走路也这样,总是低头向前冲,像在寻找什么,从来不抬头平视。这种姿势肯定是不优雅的,时间长了对心肺功能也会有不良影响。

3. 弯腰驼背

很多女性经常伏案工作,而且时间很长,无法一直保持头部和脖子的直立,会不自觉地弯腰驼背,远远看去,背部就像虾米,会给颈椎和腰椎部位埋下健康隐患,严重影响形体的美感。

4. 爱托腮

在思考问题的时候,一些女性喜欢托腮,这种姿势会影响到背部和颈椎的健康,很容易诱发颈椎病。所以,女性在思考问题的时候,最好站起来走一走,经常用双手在后颈部按摩,不仅可以避免形成不良仪态,还可以保证大脑的血液流通,有利于健康。

5. 蜷起来

有些女性在看电视时,喜欢蜷在沙发里,或者抱着枕头。这种不良的姿势会影响女性的仪态形成,容易造成腰肌劳损,还会影响到呼吸和消化系统的健康。所以,注重仪态的女性千万不能长时间蜷在沙发

▶ 美丽是一场修行

里,最好选择高一些或者硬一些的沙发。

以上5种最伤女性健康的不良姿势,不仅会影响到女性的形体,还会影响到身体健康。所以,女性为了保持仪态的优雅,一定要告别这些糟糕的姿势,保持正确的坐姿、站姿和走姿,这样才能变得更加美丽、健康、迷人。那么,优雅的坐姿、站姿和走姿是什么样的呢?

1. 优雅的坐姿

保持饱满的精神,表情自然放松,目光平视前方或注视交谈对象。注意身体端正舒展,重心垂直向下或稍向前倾,腰背挺直,臀部只坐椅面的2/3。与此同时,双膝并拢或微微分开,双脚并齐。此外,还可以跟着双腿位置的变化,形成不同的优美坐姿,比如双腿平行斜放、两脚前后相掖、两脚呈小八字形等,这些姿势都可以给人优雅的感觉。

2. 优雅的站姿

在站立的时候,双脚要呈"V"字形,膝盖和脚后跟要尽量向后靠拢,或者一只脚略前,一只脚略后。但要避免僵硬,肌肉不能太紧张,中间可以适当变换姿态,营造一种动感的美。注意不要弓腰驼背,不要挺肚后仰,也不要将身体倚在其他物体上,两手不抱臂于胸前,也不插在裤袋里或腰间。

3.优雅的走姿

在走路的时候，要注意用腰带动脚，重心移动，双目平视，下颌向内缩，面带微笑。与此同时，上半身保持平直，腰部后收，两脚平行。这种基本的走路姿势只要稍加注意，就可以保持优美的姿态，并洋溢出优雅的魅力。但出席的场合不同，走路的姿势也会有所不同。

事实上，走路时的姿态美不美，关键在于步度和步位。如果步度和步位不合标准，那么走路时的姿态就失去了协调性，也失去了自身的韵味。所谓步度，是指行走时两脚之间的距离，一般标准是一脚踢出落地后，脚跟离另一只脚尖的距离恰好等于自己的脚长。所谓步位，是指脚落地时应放置的位置。步位也很重要，决定着自己走路的风格，形成专属的韵味。比如，当女性穿旗袍或裙子的时候，步度和步位要适当小一点，能给人轻盈、柔软、飘逸、玲珑的感觉，那种美感应像舒曼的小夜曲；当女性穿上高跟鞋的时候，步度和步位都要自然，会感觉胸部自然挺起，腹部内缩，整条腿向后倾斜，使身体的曲线更加明显，给人一种窈窕的美感。

▶▶ 美丽是一场修行

随时携带微笑的"花朵"

隔壁公司新来了一个漂亮的小姑娘,王迪每天到公司都会碰到她。王迪这个单身汉很喜欢这个小姑娘,但他却是一个比较内向的人,不喜欢主动跟人打招呼,生怕自讨没趣,因为美女在他的印象中都比较高傲。这天,王迪正好去楼下喝咖啡,在下楼的时候又和这个小姑娘碰上了,不打招呼就有点说不过去了。于是,王迪决定试一下,但又犹豫起来。没想到,这时候,小姑娘主动冲他笑了笑,王迪马上就心花怒放了,对这个小姑娘的好感度直线上升。再后来,这个小姑娘成了王迪的女朋友。王迪说,自己就是被她当初的那个微笑折服的。

人在微笑的时候最有魅力,因为经常微笑的人一定是一个热爱生活、积极向上、阳光热情的人。比如肯德基的商标是创始人山德士的头像,而人们想起这个商标,永远忘不了的就是山德士那独一无二的微笑;一看到这个微笑,人们就会想起肯德基。所以,山德士曾自豪地说,自己的微笑就是最好的商标。

一位著名的演说家和沟通高手说过，最懒惰的人也知道微笑。然微笑比皱眉使用的面部肌肉要少得多，非常容易做到，但其社交效果却不可估量。所以，一位仪态万千的女性一定是时刻面带微笑的，微笑已经成为一种习惯，因为她深深懂得，严肃死板的表情会成为她美丽和优雅的障碍。

微笑不仅会传递情感和友善，还蕴含着丰富的含义，可以让一个时刻保持微笑的女性看起来很有风度。虽然风度可以通过很多种方法拥有，比如穿着打扮、言谈举止，但是如果没有微笑，脸上是僵硬的表情，那么只会让人敬而远之。

人类与其他动物的区别就在于复杂的情感，而微笑是表达情感的最直接方式。微笑就意味着赞同、认可和友好，都是积极正向的能量，会让人与人之间的沟通与交流变得轻松、美好。所以，作为一名时尚女性，时刻保持优雅的笑容是日常生活所必须掌握的技能，可以提升自己的魅力，在工作和生活中得到更多的关注，让人们对你产生更多的好感。那么，如何时刻保持优雅的微笑呢？

1. 保持好心情

心情好了，微笑自然就会多起来。所以，在与身边的人，包括家人、朋友、同事、客户等相处的时候，心胸要豁达一些，这样就可以随时保持心情愉快，这样的微笑里充满自信、甜美和优雅。当你遇到压力的时候，也要学着放下心里的负担，每天轻松面对身边的人，主动露出微笑打招呼。人际关系融洽了，心情自然就会好。心情好了，微笑也就会多起来。

2. 刻意训练微笑

作为一个爱美的女性，练就完美的微笑已经成为一种基本的社交技能和为人处世的技能。一是放松嘴边的肌肉。可采用网上广为流传的"哆咪咪练习法"，这种训练方法非常有利于放松嘴边的肌肉。二是选择适合自己的微笑。微笑有很多种，有客气的笑，两边嘴角稍微往上提，大概露出两颗牙齿；有正常的笑，大概露出6颗牙齿；有热情的笑，大概露出10颗牙齿。找到适合自己的微笑非常重要，可以为自己的优雅仪态加分。三是反复练习。在找到适合自己的微笑之后，就要反复练习，直至达到完美的境界，避免在微笑的时候出现嘴角歪斜、牙龈露出太多的情况。在微笑的时候也要注意形体的配合，挺直背部和胸部，腿并拢，这样的微笑会更完美、更优雅。四是利用辅助器。在平时练习微笑的时候，如果你的时间和精力有限，也不清楚规范的微笑是什么样的，则可以利用一些辅助器，能够快速矫正自己的微笑。当然，还是自己琢磨和研究的微笑效果最好。

女性的微笑就是自己最好的名片，就像一盏灯，可以照亮所有看见它的人，而且还会让女性看起来更加高贵自信、热情大方，给人值得信赖的印象。周围的人都愿意和你交往，因为你的微笑就是友好和尊重的体现。所以,优雅的女性从现在就开始微笑吧,用微笑来面对你的人生,你的魅力会加倍提升。

把"对不起""请""谢谢"挂在嘴边

有一次,我路过小区的停车场,看到一位女士开着一辆车,差点碰到一位缓慢行走的老人。好在老人没有受伤,但是也吓了一大跳,正准备找这位女士理论。这位女士赶紧下了车,看到老人就连声说对不起,然后关切地问老人有没有伤到哪里,非常有礼貌。老人本来还想埋怨两句,但是看到这位女士这么客气,就不好意思再责怪什么,只能叮嘱这位女士以后开车注意。本来是一场互相指责的纠纷,就这样在和谐愉快的氛围中结束了。围观的人以为会看个热闹,结果却被上了一课。我很欣赏这位女士在处理这件事情时的言谈举止,这是一种刻在骨子里的优雅。如果她下车之后怒不可遏,就会成为人们的笑柄。

有些女性认为,每天把"对不起""请""谢谢"挂在嘴边,会让人觉得好欺负,掉了身价。殊不知,礼貌不仅不会降低你的身份,反而更能显出你的教养。而这种教养是难能可贵的,会让身边的人感觉你很有气质,无形中为自己的美丽加了分。这样的女性无论在什么地方,

美丽是一场修行

都能够成为人群中的焦点，加深人们对她的好印象。

一个人可以貌不出众，可以平淡无奇，可以天资愚钝，甚至可以没多少气质，但是绝对不可以没有教养。

这是《习惯的力量》中的一句话，每个人都可以拥有教养，它是所有个人微习惯的累积。

有一次，我去参加一个朋友的私人聚会，遇到了一位当时很有名气的女明星，从这位女明星身上，我领略到了什么是真正的美丽与优雅。这位女明星的演艺事业很成功，完全可以耍大牌，这些小聚会不用主动跟人打招呼或者微笑。但这位女明星不一样，她无论看见谁都会微笑，不仅会打招呼，在吃饭的时候还主动为别人让座，进电梯主动退一步。特别是在与人说话的时候，身体保持前倾，目光专注，不断热情地点头表示认同和理解，让人感觉不到一点傲慢，反而更显高贵。这些聚会中的小细节大大展现出这位女明星良好的素养与内涵，不能不让人对她刮目相看。所以，想要做一个仪态万千的优雅女人，就要从做一个有礼貌、有教养的女性开始。因为礼貌就是一个人的名片，说话有礼貌的女人总是更受人欢迎。那么，如何才能成为一个有教养的女性呢？

1. 不要吝啬你的客气

把"对不起""请""谢谢"这样的话语时刻挂在嘴边，会为你增加意想不到的魅力，它们都是你的礼貌所表现出来的诚意。所以，不要吝啬你的客气，在需要的时候就毫不犹豫地说出来，养成感谢、感恩他人的习惯，简单的几个字，会给人带去如沐春风般的暖意。

2. 不要虚假客套

虚假客套的行为会让人感觉很不舒服，因为谁也忍受不了虚伪、假意奉承。所以，在与人相处的时候，要让对方感受到自己的真诚。比如朋友心情不好，找你倾诉，你要在认真聆听之后，真诚地说出自己的一些建议和想法，帮助朋友尽快走出困境。千万不要虚假客套，只是敷衍一下，时间长了，你到底有没有付出真心，别人都可以察觉到，是作不了假的。

3. 措辞尽量简洁、高雅

在与人说话的时候，不要讲粗话、谎话，更不要动不动就滥用术语、流行语、口头禅等；对于自己不懂的事情，尽量少发表言论。尽量简洁表达自己的意见，让对方感觉到轻松愉快，这样你就会成为一个措辞简洁生动、高雅贴切的说话高手。

4. 避免讨论别人的短处

说话要注意不揭人短。特别是在人多的时候，总要找一个话题来聊，如历史、新闻等，都是绝佳的话题，千万不要东家长西家短地无事生非。此外，恭维他人的话也要少说，不能见人就说好话，因为过分的客气会让人感觉不舒服，也是一种缺乏诚意的表现。

声音别太尖、太硬

沟通是人类生存的必要，其中利用语言进行沟通则是最直接、最方便的方式。语言是最好的交流思想和感情的载体，也是一门艺术，具有极大的魅力与美感。此外，语言还可以让伙伴关系、家庭关系和工作关系更加和谐亲密，是人际交往中的重要工具，也是人与人之间联系的纽带。如果一位女性说话声音温柔动听，无异于口吐莲花，那么，无论是在工作、商务、社交方面，还是在情感方面，她都会比普通的女性更胜一筹。所以，仪态优雅、气质优雅的女性不仅要有漂亮的妆容，还要有得体的言行，能通过言谈突出自己的优势，这样才能给人以深刻、智慧的感觉，也才能带来更多的利益和机会。

但很多女性说话声音尖、硬，会给人吵闹、神经质的印象，情绪起伏不定，对人的好恶感全部表现在脸上，说起话来滔滔不绝，常常把自己的想法强加于人，甚至会引人厌恶。那么，如何才能改变这种状态呢？

事实上，温婉、甜美的声音通过练习同样是可以拥有的。所以，如果想让自己的声音更有魅力，并具有吸引力，就要对自己的声音进行包装和刻意训练。比如，可以学习和模仿一些自己喜欢的明星、播音员的声音和说话方式，然后把自己的声音录下来，反复听，从而检验自己的音质与语调，找出问题和不足，再进行有针对性的纠正，直到塑造出美感来。女性在日常说话过程中要注意以下几点。

1. 压低音调

想要给人留下好的印象，建立有效的沟通，低沉稳重的音调更加有利。所以，在必要的时候可以适当压低音调，利用腹式呼吸来发音，重点突出，语句通俗。

2. 音量适中

无论在什么时候、什么场合说话，都要保持基本的说话音量，然后视情况进行适当的调整。比如，只和一个人说话的时候，只用对方能够听得见的音量就可以了；和两个人说话的时候，音量就要提高一点；如果三个人在一起说话，那么音量就要在两个人说话的基础上再提高 1/3。

3. 口齿清楚

在说话的时候，不要有太多的尾音，注意每个音节之间的停顿。吐字清楚，可以适当放慢说话的速度。可以在平时多加练习，尽量达到有快有慢的节奏感。可以经常对着镜子练习，一边微笑一边发音，均匀控制气息，吸气如闻鲜花的香气，呼气像吹灰尘一样。可以在练习的时候读一些自己喜欢的小文章，直到能够达到咬字正确、吐字平顺清晰的程度，速度慢慢就可以得到控制了。

除了声音，女性在说话的时候还要讲究礼仪。一是在平时说话的时候，音量要适中，语气要柔和，避免刺耳聒噪。二是要语速适中，尽量给人稳重的印象。同时注意音高的升降、抑扬顿挫，能够增强说话的效果。三是说话时要字正腔圆，要避免含混不清、咬牙切齿的习惯。四是说话时要注意相互尊重和谦逊的态度。在交谈中不要心不在焉，这是不礼貌的，会引起别人的反感；也不要表现出对别人的轻蔑或傲慢，只有通过表达相互尊重的语言，才能给对方留下严肃、亲切、真诚的印象。五是说话要文雅，不能粗俗。优雅的言语可以反映一个人的文化素养。如果一个人在说话的时候彬彬有礼，就会给人们留下良好的印象。例如，在不同的场合和不同的人面前，要正确使用礼貌用语，说话的表达方式、语气、措辞等也要有所不同，这样才有利于关系的融洽，也有助于加强人与人之间的联系。

一个女性要想赢得朋友的尊敬、社会的认可、上级的青睐和下属的支持，离不开会说话的能力。言谈是一个女性知识、气质、性格和思想的综合体现，这些是可以通过训练加以完善的，只有这样，才能让会说话成为自己事业腾飞和生活幸福的翅膀。

灵动的表情自带高级感

稻盛和夫说过，真正厉害的人从来不说难听的话，因为人性不需要听真话，只需要听好听的话。我觉得这句话可以延伸一下，那就是：真正厉害的人从来不把情绪写在脸上，因为他们懂得表情管理。

灵动的表情看起来非常有高级感，但要做到这一点，则需要进行表情管理。但是，表情管理对于绝大多数女性来说是一个难点，因为女性大多容易被情绪左右，表情就是情绪的外在表现，内心有什么波澜，都会在脸上表现出来，并且是无法掩盖的。这虽然从一个方面说明一个人的感性与率真，但也从另一个方面说明其内心力量不够强大。女性随着年龄的增长、阅历的丰富，心态会越来越平和，为人处世也会淡泊宁静很多，进而才少了一些冲动和计较，情绪化的时刻也就少了很多。

所以，美丽的女性要时刻注意管理表情，做到在职场中端正、在生活中随和、在社交中亲切、在爱情里妩媚。这是一种智慧，也是一种优雅的表现。那么，如何进行表情管理，让自己的表情更灵动、更具高级感呢?

1. 笑的表情管理

首先，检查自己笑起来有什么不足，比如嘴有没有歪斜、有没有露出牙龈，或者笑起来肌肉动作有没有过大，看起来很夸张。在找出这些问题之后，对着镜子纠正调整，最终找到自己最好看的表情。其次，结合自己的性格特点，找出具有个人特色的微表情，将其融入自己的笑容中。最后，对着镜子露出6~8颗牙，练习适合自己的微笑弧度，通过多多练习，形成肌肉记忆。在练习的时候，可以使用相机拍摄表情，逐一进行对照，从中找到自己最好看的角度；或者通过一根筷子来辅助练习，让嘴角自主上扬，这样笑起来更自然、更好看。

2. 哭的表情管理

对于女性来说，可以哭得很伤心，但是不能哭得太难看。第一，不要张大嘴巴。可以试试咬嘴唇落泪，但也要注意嘴部动作不要太大，否则容易牵扯肌肉，最终形成法令纹。第二，可以用纸巾折成尖状或用边缘轻点泪珠，不要让眼泪掉下来，弄花了妆容，这样的动作看起来也很优雅。第三，可以用手轻轻捂住口鼻，避免在他人面前由于情绪过于激动导致表情失控，看起来太狼狈。第四，不要紧闭眼睛，也不要总是快速眨眼。如果你化了眼妆，这样做很容易弄花妆容，且容易牵扯眼部肌肉，最终形成鱼尾纹。第五，在特殊条件下可以选择笑着流泪，看起来梨花带雨，也会让人心生怜爱。如果实在憋不住，则可以找一个没有人的地方大声哭出来，以此来缓解心里的压力和痛苦的情绪，而不用顾及好不好看。

3. 眼神的表情管理

灵动的表情自然离不开灵动的眼神，这同样可以通过练习获得。一是定眼法。在与眼睛齐平的前方 2～3 米处选一个不显眼的小定点，眼睛自然圆瞪，感觉到眼皮肌肉在发力，眉毛保持不动，正视前方目标标记，目光集中，切勿走神。当你感觉到眼部肌肉酸痛时闭上眼睛休息片刻，再猛然睁开眼睛盯住目标，反复练习。二是转眼法。眼睛上下左右转动，顺时针 15 圈，逆时针 15 圈，快慢转动各一次。三是扫眼法。眼睛快速扫视周边物体，头保持不动，尽量将周边物体全部看清，精确到物体细节。四是表演练习。选择你喜欢的一篇文章或者影视片段，记下台词，对着镜子有感情地演绎出来，重点放在眼神的变化上。

眼神也有很多禁忌，比如，忌上下打量的眼神，忌飘忽不定和不自信的眼神。这些眼神会让别人对你产生不信任的感觉，或者让人猜测你是一个不自信的人，因为人们只有在谈到自己不想面对的事情或者在说谎的时候，眼神才会不自觉地转向别处，不敢与人对视。